# 鲲鹏云大数据服务与基础应用

主　编　田广强　李井竹

副主编　周　静

参　编　解博江　胡舒淋　侯　达
　　　　倪龙飞　宋沁峰

北京理工大学出版社
BEIJING INSTITUTE OF TECHNOLOGY PRESS

## 内 容 简 介

本书面向鲲鹏云架构的大数据系统部署与基础应用,内容设置上循序渐进,按照人才成长规律与职业技能路径,结合华为大数据认证技能标准规划,从典型的 Hadoop 和 Spark 大数据分析知识体系,逐步过渡到不同底层架构、灵活多变的大数据应用场景,精准培养适应鲲鹏应用的大数据工程师。

本书旨在培养学生对鲲鹏云、大数据应用开发、相关工具与设计思想的综合基础应用能力;培养学生自主学习以及终身学习能力,自主查阅与搜寻信息的能力;培养学生的编程能力和良好的编程规范意识,使学生掌握鲲鹏云与大数据相关的基本技术与方法,具备软件开发与运维的基础能力。通过理论和实践教学,学生能够理解鲲鹏云大数据应用的设计开发思路以及一系列的相关方法,进一步巩固基础课程的知识内容。

**图书在版编目(CIP)数据**

鲲鹏云大数据服务与基础应用 / 田广强,李井竹主编.--北京:北京理工大学出版社,2023.9
ISBN 978-7-5763-2927-8

Ⅰ.①鲲… Ⅱ.①田… ②李… Ⅲ.①云计算-数据处理 Ⅳ.①TP393.027 ②TP274

中国国家版本馆 CIP 数据核字(2023)第 188665 号

---

责任编辑:陈 玉  文案编辑:李 硕
责任校对:刘亚男  责任印制:李志强

---

**出版发行** / 北京理工大学出版社有限责任公司
**社　　址** / 北京市丰台区四合庄路 6 号
**邮　　编** / 100070
**电　　话** / (010) 68914026 (教材售后服务热线)
　　　　　 (010) 68944437 (课件资源服务热线)
**网　　址** / http://www.bitpress.com.cn

---

**版 印 次** / 2023 年 9 月第 1 版第 1 次印刷
**印　　刷** / 三河市天利华印刷装订有限公司
**开　　本** / 787 mm×1092 mm　1/16
**印　　张** / 9.75
**字　　数** / 226 千字
**定　　价** / 86.00 元

# 前 言 ↘

长期以来，在企业级桌面和服务器软件开发领域，基于 x86 架构的硬件平台一直占据着主导地位，Intel 和 AMD 公司几乎垄断了这一领域，这种情况让寻找一条摆脱 x86 架构束缚的新道路变得异常困难。然而，随着移动计算的兴起，开放的 ARM 架构得以迅速发展，并逐渐扩展到了服务器领域。近年来，全球涌现出了众多兼容 ARM 架构的服务器处理器，而华为公司的鲲鹏处理器毫无疑问是其中的翘楚。

鲲鹏处理器采用了先进的 ARM 架构，具备卓越的高性能和低功耗特性。它为企业提供了强大的计算能力，能够满足在大数据分析、人工智能、高性能计算等领域日益增长的需求。这一处理器的问世，标志着企业级服务器领域的架构格局发生了重大变革，为业界带来了更多选择和创新的机会。在本书中，我们将深入探讨鲲鹏处理器的架构和应用，为读者提供全面的知识和指导，帮助读者充分利用这一令人振奋的技术来满足不断增长的企业需求。

互联网的崛起缩短了人与人、人与世界之间的距离，使整个地球成了一个"地球村"。这个数字时代的特点是人们通过网络可以轻松交流、分享信息和实现协同工作。与此同时，互联网的迅猛发展，数据库技术的成熟和大规模普及，以及高性能存储设备和媒体的涌现，导致每天产生的数据呈指数级增长。随着世界步入大数据时代，社会正在经历着持续而深刻的变革。大数据的发展已经引起了全球范围内的广泛关注，其势头不可阻挡。

在这个背景下，鲲鹏大数据版本应运而生。鲲鹏大数据版本不仅在大数据领域具备卓越的计算能力，还能有效地管理、存储和分析庞大的数据集。正如大数据技术的兴起已经改变了我们的生活方式和商业模式，鲲鹏大数据版本也正在推动企业和个人在数字化转型方面迈出关键的一步。

如何在鲲鹏大数据版本的框架下有效地处理和分析这些海量数据，并将其转化为有价值的信息，以解决我们日常生活和工作中面临的各种难题，这已经成为国内外共同关注的重要议题。在这个信息爆炸的时代，我们不仅需要储存这些数据，还需要从中提炼出智慧，以推动创新、改善生活质量，并为社会带来更多的机遇和挑战。

因此，本书将深入探讨大数据技术和应用，同时将重点放在如何利用鲲鹏大数据版本的强大计算能力和存储资源，帮助读者理解如何有效地管理、分析和应用这些海量数据。

我们将探讨数据科学、人工智能、机器学习等领域的最新发展，并指导读者如何用这些技术解决实际问题。无论是从事技术工作、管理决策的专业读者，还是对大数据感兴趣的普通读者，本书都将为他们提供深入了解和应用大数据以及鲲鹏大数据版本的有力工具。我们相信，大数据不仅是未来的趋势，也是推动社会进步和创新的重要引擎，而鲲鹏大数据版本将为大数据时代的发展提供更强大的支持。

本书包括9章：第1章引导读者进入大数据的世界，探讨大数据的定义、应用和发展趋势，为深入了解鲲鹏大数据架构打下坚实的基础；第2章深入研究Hadoop技术，并介绍如何将其与鲲鹏处理器和鲲鹏大数据架构相结合，以实现高效的大数据处理和分析；第3章介绍HDFS的架构、特性和优势，以及如何在鲲鹏大数据架构中进行部署和优化；第4章介绍分布式协调系统和非关系数据库的作用、选择和整合方式；第5章介绍Hive数据离线处理，Hive是一种用于大数据处理的数据仓库工具，本章将深入探讨Hive的原理和用法，以及如何在鲲鹏架构中实现数据离线处理；第6章研究Spark的核心概念、组件和在鲲鹏大数据架构中的应用案例；第7章介绍数据采集系统的基本原理和方法，以及如何在鲲鹏大数据架构中建立高效的数据采集管道；第8章通过具体的综合案例，展示如何在鲲鹏BigData Pro环境中构建完整的大数据解决方案，包括数据存储、处理和分析；第9章介绍鲲鹏社区，包括社区资源、合作伙伴计划、学习与开发工具，以及如何获取帮助和参与社区互动。

大数据已经成为现代社会的关键驱动力之一，它改变了我们的生活方式、商业运营方式以及对世界的认知方式。鲲鹏大数据版本作为华为公司在大数据领域的杰出贡献，提供了卓越的计算能力和存储资源，为大数据应用提供了强大的支持。

在我们踏上阅读的旅程之前，我想表达对所有读者的衷心感谢。编写本书的初衷是分享有关鲲鹏大数据版本和大数据技术的知识，以及说明如何将它们应用于解决现实世界中的各种挑战和问题。

本书由黄河交通学院田广强、河南牧业经济学院李井竹任主编，黄河科技集团有限公司周静任副主编；参编人员有黄河交通学院解博江、胡舒淋、倪龙飞、宋沁峰，深圳市讯方技术股份有限公司侯达。具体编写分工如下：田广强编写第1、2章，李井竹编写第3、4章，周静编写第5章，解博江编写第6章，胡舒淋编写第7章，侯达编写第8章，倪龙飞编写9.1~9.3节，宋沁峰编写第9.4~9.7节。

无论是技术工作者、数据科学家、决策者，还是对大数据和鲲鹏大数据版本感兴趣的读者，我们希望这本书都能为他们带来一定的价值。我们迫不及待地想要与各位读者一同探索大数据的无限潜力，以及鲲鹏大数据版本在这一领域的杰出表现。

编　者

2023 年 6 月

# 目 录

# 第1章 大数据技术概述

在万物互联的时代，大数据技术已经广受关注。那么，什么是大数据？为什么要有大数据？大数据的用途是什么？这些问题的答案估计大部分人都不是很清楚。大数据看似很高级，与普通人的生活相去甚远，其实不然！大数据已经存在于生活的各个角落。例如，公共交通部门发行的"一卡通"用的就是大数据技术，它可以积累乘客出行的海量数据。

大数据技术作为一门多领域交叉学科，用来研究如何存放海量的数据，如何进行数据清洗，如何实现数据分析，以及怎样挖掘有价值的数据。本章将会介绍大数据的概念，大数据时代的机遇和挑战，以及大数据在各行各业的需求和应用。

## 1.1 引 言

从数字化、信息化、网络化到未来的智能化时代，移动互联网、物联网、云计算、大数据、人工智能等前沿信息技术受到人们的青睐，它们的广泛应用也代表了信息技术发展的大趋势。那么，什么是大数据？大数据的技术范畴及其逻辑关系是什么？估计很多人都是根据自己所熟悉的领域在"盲人摸象"，大数据特征如图1-1所示。

在网络中，大数据并没有一个明确的概念，每个人对大数据的理解都是不同的。大数据是一个有待完善的、新的科目，由于其具有巨大的商业价值，因此现在商用化越来越多，应用范围也越来越大。

不能单纯认为大数据就是一个巨大的数据集，在维基百科中，大数据的概念是"一个超过容忍限度的巨大的数据集"。但如果只是大量数据的集合，那么这些数据是完全没有意义的。大数据不仅应该包含大量的数据，更重要的是如何使用这些数据，并且使其创造出价值。

大数据是一个商业的概念，它是由多个组件共同构成的，一部分组件完成数据的收集工作，一部分组件完成数据的存储和组织工作，剩下一部分组件完成数据的分析工作。组件之间相互协同工作，将数据中的信息进行整理和整合，最终分析出需要的信息，并且创造出价值。

图1-1 大数据特征

1. 大数据的工作内容

(1)数据采集。利用多种轻型数据库来接收发自客户端的数据，并且用户可以通过这些数据库来进行简单的查询和处理工作。

(2)数据存储。用 Hadoop 实现对半结构化和非结构化数据的处理，以支持诸如内容检索、深度挖掘与综合分析等新型应用。这类混合模式将是大数据存储和管理未来的发展趋势。

(3)数据分析。将海量的、来自前端的数据快速导入一个集中的大型分布式数据库或分布式存储集群，利用分布式技术来对存储于其内的集中的海量数据进行普通的查询和分类汇总等，以此满足大多数常见的分析需求。

(4)数据挖掘。基于前面的查询数据进行数据挖掘，来满足高级别的数据分析需求。其算法复杂，并且计算涉及的数据量和计算量都较大。

2. 基本概念

(1)结构化数据。能够用二维表表示的数据。

(2)非结构化数据。无法用二维表表示的数据。

(3)半结构化数据。具有一定的结构化特征，但是又不能全部按照结构化数据来表示的数据。

(4)集群。多台设备在逻辑上整合为一台设备向外提供服务。

(5)分布式。将一个业务拆分成多个部分并交给多台设备运行。

(6)分布式和集群的区别。分布式对于大数据系统来说，它会将不同的业务组件分隔开，为每一个业务(子业务)都配置一个或多个部署服务器，分布式具有内聚性和透明性，内聚性是指各分部节点高度自治，自身进行业务维护，透明性是针对用户而言的，分布式系统的资源对用户是完全透明的，用户无法获知资源是否被切分，以及数据实际存放在哪个位置。集群的出现是由于软件业务需要消耗大量的资源，但是这些资源又无法由一台主机完全提供，所以通过集群将多台服务器进行整合，共同提供业务。例如，一个厨房里面有一名厨师和一名配菜师，两个人都是为了完成炒菜的任务，所以他们的关系称为分布式，这个时候又来了一名厨师炒菜，那么两名厨师之间就可以理解为集群。

### 3. IDC 对大数据特征的定义

互联网数据中心（Internet Data Center，IDC）对大数据特征的定义主要通过 4V 特征来衡量，如图 1-2 所示。

（1）大量化（Volume）。大数据首先需要保证的就是有足够多的数据，这就和维基百科的解释一样，数据的体量是超过所能容忍的限度的。

（2）多样化（Variety）。大数据的一个核心的特点就是类型多，从结构化数据到非结构化数据，可以说大数据基本囊括了当前所有类型的数据。

（3）快速化（Velocity）。大数据由于其体量巨大，类型繁多，所以针对大数据的处理也是很慢的。

（4）价值密度低（Value）。整体来说，大数据的价值密度其实是很低的。例如，监控视频每天会产生大量的数据，但是只有当出现事故或其他情况调取的视频中所显示的数据才具有价值。

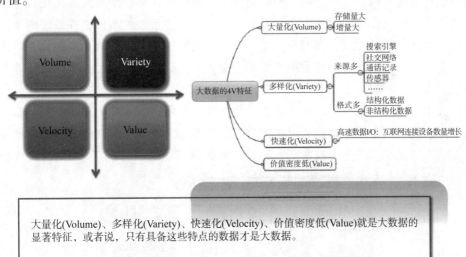

图 1-2　大数据 4V 特征

### 4. 大数据带来技术变革

"大数据"不仅是一场技术变革，更是一场商业模式变革。在"大数据"概念被提出之前，尽管互联网为传统企业提供了一个新的销售渠道，但总体来看，二者平行发展，鲜有交集。可以看到，无论是谷歌（Google）通过分析用户个人信息，根据用户偏好提供精准广告，还是元宇宙（Meta，原 Facebook）将用户的线下社会关系迁移到线上，以构造一个半真实的实名帝国，这些商业和消费模式仍不能脱离互联网，传统企业仍无法嫁接到互联网中。同时，传统企业通过传统的用户分析工具很难获得大范围用户的真实需求。

企业要想从大规模制造过渡到大规模定制，必须掌握用户的需求特征。在互联网时代，这些需求特征往往是从用户不经意的行为中透露出来的。只有通过对信息进行关联、参照、聚类、分类等方法分析，才能得到答案。

"大数据"在互联网与传统企业间建立一个交集。它推动互联网企业融入传统企业的供应链，并为传统企业引入互联网基因。传统企业与互联网企业的结合，网民和消费者的融合，必将引发消费模式、制造模式、管理模式的巨大变革。全球技术研究和咨询公司Gartner 将"大数据"技术列入 2012 年对众多公司和组织机构具有战略意义的十大技术与趋势。Gartner 在其新兴技术成熟度曲线中将"大数据"技术视为转型技术，并已成为主流。

云时代的到来使数据创造的主体由企业逐渐转向个体，而个体所产生的绝大部分数据为图片、文档、视频等非结构化数据。信息化技术的普及使企业更多的办公流程通过网络得以实现，由此产生的数据也以非结构化数据为主。传统的数据仓库系统、商业智能（Business Intelligence，BI）、链路挖掘等应用对数据处理的时间要求往往以小时或天为单位，但"大数据"应用突出强调数据处理的实时性。在线个性化推荐、股票交易处理、实时路况信息等数据处理时间要求达到分钟级甚至秒级。

大数据存储和处理技术的发展同时带动了数据分析、机器学习的蓬勃发展，也促使新兴产业不断涌现。大数据技术是基石，人工智能的落地则是下一个风口。

在计算方面，集群化发展已成为趋势；在存储方面，块设备和文件设备都在横向扩展和块级虚拟化方面取得了重要进展，同时提供了丰富的软件对外接口发展，文件存储横向扩展能力更高，硬件设备通常会扩展到百节点以上，文件系统由本地文件系统向集群文件系统和分布式文件系统发展；在网络方面，无论是网间还是网内都开始向更高速、协议开销更低、更有效的方向发展；在数据库方面，由关系数据库向分布式数据库以及非关系数据库发展（内存性数据库），如图 1-3 所示。

这些技术变革中也出现了新的机会点：数据库的革命，数据库出现了关系数据库、非关系数据库、混合数据库；文件系统的变革，文件系统出现了本地文件系统、集群文件系统、分布式文件系统；跟随的技术厂家通过大数据领域的变革看到了新的机会（这种新技术的使用上大家起步差不多），想进行革命，成为新技术的倡导者。

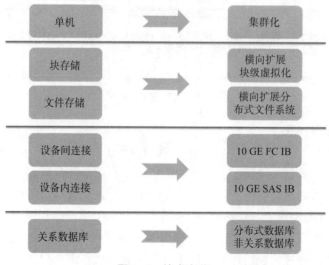

图 1-3 技术变革

## 1.2 大数据时代的机遇和挑战

大数据要求数据能充分发挥其外部性，并通过与某些相关数据交叉融合产生远大于简单加和的巨大价值。大数据时代的营销变革、个性化将颠覆一切传统商业模式，成为未来商业发展的终极方向和新驱动力。大数据为个性化商业应用提供了充足的养分和可持续发展的沃土，如基于交叉融合后的可流转性数据、全息可见的消费者个体行为与偏好数据等，未来的商业可以通过研究分析这些数据，精准挖掘每一位消费者不同的兴趣与偏好，从而为他们提供专属的个性化产品和服务。要具体理解大数据时代面临哪些机遇和挑战，首先应了解大数据架构。

### 1.2.1 Google 大数据架构

#### 1. Google 大数据技术

Google 在搜索引擎上获得的巨大成功，很大程度上是由于其采用了先进的大数据管理和处理技术。Google 的搜索引擎是针对搜索引擎所面临的日益膨胀的海量数据存储问题，以及在此之上的海量数据处理问题而设计的。众所周知，Google 存储着世界上最庞大的信息(数千亿个网页、数百亿张图片)，但是 Google 并未拥有任何超级计算机来处理这些信息，也未使用易安信(EMC)磁盘阵列等高端存储设备来保存大量的数据。

Google 提出了一整套基于分布式并行集群方式的基础架构技术，该技术利用软件的能力来处理集群中经常发生的节点失效问题。Google 使用的大数据平台主要包括 3 个相互独立又紧密结合在一起的系统：Google 文件系统(Google File System，GFS)，针对 Google 应用程序的特点提出的 MapReduce 编程模式，以及大规模分布式数据库 BigTable。

GFS 是一个可扩展的分布式文件系统，用于大型的、分布式的、对大量数据进行访问的应用。它运行于廉价的普通硬件上，并提供容错功能。它可以给大量的用户提供总体性能较高的服务。

MapReduce 极大地方便了编程人员在不会分布式并行编程的情况下，将自己的程序运行在分布式系统上。当前的软件实现是指定一个 Map ( )函数(映射函数)，用来把一组键值对映射成一组新的键值对，指定并发的 Reduce ( )函数(归约函数)，用来保证所有映射的键值对中的每一个共享相同的键组。

BigTable 是 Google 设计的分布式数据存储系统，是一种用来处理海量数据的非关系数据库。

#### 2. Google 大数据的 3 个时代

(1) Google 大数据架构 1.0——Web 应用时代(2003)：分布式存储+查询+批处理。

(2) Google 大数据架构 2.0——社交网络时代(2010)：交互式分析+增量刷新+图计算。

(3) Google 大数据架构 3.0——智能大脑时代(2011)：智能分析+云服务。

### 1.2.2 Hadoop 大数据架构

Hadoop 是一个模仿 Google 大数据技术的开源实现，它是一个开源的分布式存储和分布式计算框架平台。Hadoop 革命性的变化包括：降低了成本，能用 PC，就不用大型机和高端存储；将软件容错硬件故障视为常态，通过软件保证可靠性；简化并行分布式计算，无须控制节点同步和数据交换。

Hadoop 包括两个核心组成，HDFS(Hadoop Distributed File System)是 Hadoop 分布式文件系统，它用 128 MB 的基础块来存储海量数据(数据量大时，也可以使用 256 MB 乃至更大)；MapReduce 是并行计算框架，实现任务分解和调度。Hadoop 可以用来搭建大型数据仓库，PB 级数据的存储、处理、分析统计等业务。

Hadoop 拥有很多优势：按位存储和处理数据的能力值得人们信赖，在可用的计算机集群间分配数据并完成计算任务，这些集群可以方便地扩展到数以千计的节点中；能够在节点之间动态地移动数据，并保持各个节点的动态平衡，因此处理速度非常快；能够自动保存数据的多个副本，并且能够自动将失败的任务重新分配；是开源的，项目的软件成本大大降低。

### 1.2.3 大数据时代的转变

大数据时代的转变是一个深刻的变革，影响着各个领域和行业。以下是大数据时代所带来的主要转变。

1. 数据规模的爆炸式增长

随着互联网、传感器技术和物联网的兴起，数据的产生速度呈指数级增长。这意味着我们需要处理比以往任何时候都更大量、更多样化的数据。

2. 全面数据处理

由于计算和存储资源的限制，以往人们倾向于使用随机样本来进行数据分析。在大数据时代，可以处理全部数据，从而更全面地了解问题和趋势。

3. 数据不确定性的接受

大数据分析常常需要接受数据的不精确性和混杂性，尽管全面数据处理提供了更多信息，但也可能导致一些数据不够准确，因此需要更灵活地处理和解释数据。

4. 相关关系的重要性

在大数据时代，寻找相关关系变得尤为重要。虽然因果关系仍然很重要，但相关关系的发现可以提供有价值的见解，并指导决策。

5. 技术的进步

大数据技术包括分布式计算、云计算、机器学习和人工智能，这些技术为更好地处理和分析大数据提供了强大的工具。

6. 数据的潜在价值

即使在当前阶段，可能仍然难以预见数据的实际用途。但不应轻视数据的价值，许多看似不起眼的数据可能蕴藏着未来的商机和发展方向。

7. 决策的优化

大数据分析为决策的制订提供了更多依据。企业、政府和组织可以更智能地运营和管理，基于数据驱动的决策变得更加常见。

总之，大数据时代的到来已经改变了数据处理方式、决策方法和商业模式。它不仅是一项技术变革，而且涉及对数据的新认知和利用方式，影响深远且持续演进。

### 1.2.4　大数据不能做什么

大数据不仅是技术问题，更是关乎管理和决策的问题。在大数据时代，以下几个方面需要特别注意。

（1）领导层的支持。要实现数据的有效利用，需要最高层领导的积极推动和决策支持。数据间的打通和整合需要高级领导层的决策和资源投入。

（2）不只是数据。拥有大数据并不一定能带来收益，商业模式至关重要。在进行大数据分析之前，需要清楚如何盈利，否则可能陷入盲目的数据收集中。

（3）有目标的数据挖掘。不能盲目地探索知识。数据挖掘需要明确的约束和目标，否则努力可能毫无意义。

（4）不能替代专家。大数据不能完全替代专家的作用。在模型建立中，专家仍然扮演着关键角色，特别是在聚焦关键特征方面。尽管随着时间推移，专家的作用可能减小，但在初始阶段，他们的经验至关重要。

（5）持续学习和反馈。大数据需要"活"的数据，即不断有反馈的数据。模型需要通过终身机器学习来不断更新，以适应不断变化的情况。

因此，大数据不是单纯的技术问题，而是一个需要全面考虑管理、决策、目标和专业知识的复杂领域。只有在这些方面取得平衡，才能真正发挥大数据的潜力。

### 1.2.5　面对挑战，传统数据处理遭遇天花板

可以先了解传统数据和大数据的区别，进而理解为什么需要大数据处理。传统数据（纵向扩展，Scale-up）表示在需要处理更多负载时采用提高单个系统处理能力的方法来解决问题。最简单的情况就是为应用系统提供更为强大的硬件。例如，如果数据库所在的服务器实例只有 8 GB 内存、低配 CPU、小容量硬盘，进而导致了数据库不能高效运行，那么可以通过将该服务器的内存扩展至 16 GB、更换大容量硬盘或更换高性能服务器来解决这个问题。

大数据（横向扩展，Scale-out）是将服务分割为众多的子服务，在负载均衡等技术的帮助下，向应用中添加新的服务实例。例如，数据库所在的服务器实例只有一台服务器，进而导致数据库不能高效运行，可以通过增加服务器数量，将其构成一个集群来解决这个问题。

目前，昂贵小型机不能满足低成本的要求，传统方案采用小型机+磁阵+商用数据库，每 TB 数据的成本过万。PB 级数据处理的成本过高，需要低成本、高集成度的集群方案。

离线数据分析方式不能满足海量数据实时分析的要求，依赖数据仓库进行的 TB 级数据统计分析，可以向海量流式数据的实时分析演进。关系数据库不能满足非结构化数据处理要求，用户上网行为数据中包含大量非结构化数据，这些数据具有巨大价值，传统关系数据库技术只能处理结构化数据，无法挖掘非结构化数据的价值。

Scale-up 伸缩性已到极限，传统关系数据库技术依靠硬件 Scale-up 提升处理性能，无法支撑 100 TB 到 PB 级别的数据，大数据处理需要的扩展能力已经远远超过硬件性能的扩展能力。

### 1.2.6 大数据时代与传统数据库时代数据处理的差异

从传统数据库到大数据看似只是简单的技术演进，但细细考究不难发现两者有着本质的区别，大数据的出现必将颠覆传统的数据管理方式，在数据来源、数据处理方式和数据思维等方面都会带来革命性的变化。简单来说，传统的数据库和大数据的区别就好比"池塘捕鱼"和"大海捕鱼"。"池塘捕鱼"代表着传统数据库时代的数据处理方式，而"大海捕鱼"则代表着大数据时代的数据处理方式，"鱼"是待处理的数据，"捕鱼"环境条件的变化导致了"捕鱼"方式的根本性差异。

差异主要体现在以下几个方面：首先是数据规模，"池塘"和"大海"最大的区别就是规模；然后是数据类型，过去"池塘"中数据的种类单一，仅有一种或少数几种数据，这些数据又以结构化数据为主，而"大海"中的数据种类繁多，这些数据又包含结构化、半结构化以及非结构化数据，并且半结构化和非结构化数据所占份额越来越大。

模式和数据的关系发生了变化，传统的数据库都是先有模式，然后才产生数据。这就好比先选好合适的"池塘"，然后才向其中投放适合生长的"鱼"。而大数据时代很多情况下难以预先确定模式，只有在数据出现之后才能确定，且模式随着数据量的增长处于不断地演变当中。这就好比先有少量的"鱼"，随着时间推移，"鱼"的种类和数量都在不断地增长，"鱼"的这些变化会使"大海"的成分和环境处于不断的变化之中。

处理对象不同，在"池塘"中捕"鱼"，"鱼"仅仅是捕捞对象。而在"大海"中，"鱼"除了是捕捞对象以外，还可以通过某些"鱼"的存在来判断其他种类的"鱼"是否存在。也就是说，传统数据库中的数据仅作为处理对象，而在大数据时代，要将数据作为一种资源来辅助解决其他诸多领域的问题。

处理工具不同，捕捞"池塘"中的"鱼"，依靠一种渔网或少数几种渔网基本就可以，但是在"大海"中，不可能依靠一种渔网就能够捕获所有"鱼"。

### 1.2.7 数据处理技术的特点

对多个异构的数据集，需要做进一步集成处理或整合处理，将来自不同数据集的数据收集、整理、清洗、转换后，生成到一个新的数据集，为后续查询和分析处理数据提供统一的数据视图。

数据处理技术特点如图 1-4 所示。当数据量相对较小时，就像少量货物一样，通常使用小型数据处理技术。这类技术适用于快速、轻松地处理不大的数据集，就像小船适用于运送少量货物一样。当数据量庞大时，类似于大批货物需要大型运输工具，应当采用大数据处理技术。这些技术能够高效处理海量数据，如同大船可以承载大量货物。当数据量非常巨大且无法由单一系统处理时，分布式数据处理技术就派上用场，类似于同时使用多艘船来运输大量货物。这些技术将数据分散到多个处理单元中，以便高效处理超大规模的数据。

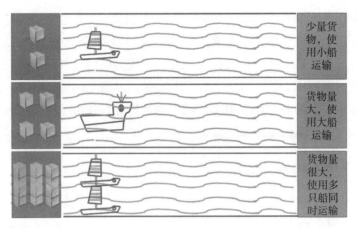

图1-4　数据处理技术特点

大数据时代，人们迫切希望在由普通机器组成的大规模集群上实现高性能的、以机器学习算法为核心的数据分析，为实际业务提供服务和指导，进而实现数据的最终变现。与传统的在线联机分析处理（Online Analytical Processing，OLAP）不同，对大数据的深度分析主要基于大规模的机器学习技术，一般而言，机器学习模型的训练过程可以归结为最优化定义于大规模训练数据上的目标函数，并且通过一个循环迭代的算法实现。与传统的OLAP相比，基于机器学习的大数据分析具有自己独特的特点。

传统的分布式计算框架——信息传递接口（Message Passing Interface，MPI）虽然编程接口灵活，功能强大，但由于编程接口复杂且对容错性支持不高，因此无法支撑在大规模数据上的复杂操作，研究人员转而开发了一系列接口简单、容错性强的分布式计算框架服务于大数据分析算法，这些框架以 MapReduce、Spark 和参数服务器 ParameterServer 等为代表。

因此，数据处理技术的特点发生了变化。由于用于优化的问题通常没有闭式解，因此对模型参数的确定并非一次能够完成，需要循环迭代多次，逐步逼近最优值点，这体现出数据处理的迭代性；机器学习的算法设计和模型评价能容忍非最优值点的存在，同时其多次迭代的特性也允许在循环的过程中产生一些错误，模型的最终收敛不受影响，这体现出数据处理的容错性；模型中一些参数经过少数几次迭代后便不再改变，而有些参数则需要很长时间才能达到收敛，这体现出数据处理的参数收敛具有非均匀性。

## 1.3　大数据在各行业的需求和应用

通过前面的介绍，我们大致了解了大数据的基础架构以及当前面临的机遇和挑战，那么大数据在各行业中都有什么样的需求呢？

当前，我国正在快速从数据大国向数据强国迈进。国际数据公司和数据存储公司希捷的一份报告显示，截至2025年，随着我国物联网等新技术应用的持续推进，产生的数据将超过美国。我国每年产生的数据量将从2018年的约7.6 ZB 增至2025年的48.6 ZB，数据交易迎来战略机遇期。

目前,大数据在金融领域的应用最为广泛,并且处于领先地位,其他行业的应用也处于蓬勃发展阶段。大数据应用将全面覆盖各个产业,应用技术和方法将会更加成熟,应用市场规模也将保持高速稳定的增长态势。2020 年,我国应用大数据最多的是政府;行业应用方面,金融大数据占比 25%,其次为工业大数据,占比 6.64%,电力、交通、电信等其他领域也不断加强大数据的应用。2020 年我国大数据各行业市场占比如图 1-5 所示。

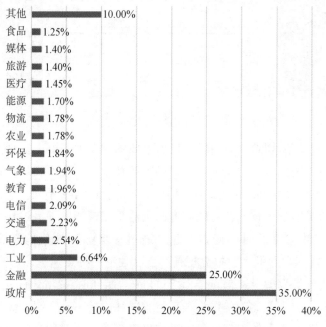

图 1-5　2020 年我国大数据各行业市场占比

我国大数据产业受宏观政策环境、技术进步与升级、数字应用普及渗透等众多利好因素影响,2018 年整体规模达到 4 384.5 亿元,2021 年达到 8070.6 亿元,持续促进了传统产业的转型升级,激发了经济增长活力,助力新型智慧城市和数字化建设,中国大数据各行业市场规模如图 1-6 所示。

图 1-6　中国大数据各行业市场规模

1. 零售行业

零售行业随着数据采集与存储技术的进步也逐步形成了零售业大数据。通过对这些数据进行挖掘分析,能够给零售企业带来巨大的商业价值及服务创新,诸如能够更好地了解消费者，从而实现精准化营销或变革供应链模式，实现货品精细化管理等。零售行业大数据应用如图1-7所示，零售行业借助大数据可以明确定义产品，了解用户需求和产品目标。这不仅包括对用户的行为习惯和登录规律的深入了解，还包括将用户画像分发到各个分店，以便为每位用户提供最优质的服务。

我国的零售行业，特别是线下传统零售行业，大数据分析还处于刚刚起步的阶段。多数企业正在进行大数据的探索并进行相关试点项目，仅有少数领先的零售企业开始利用大数据应对明确的业务挑战。

现阶段，零售企业表示最需要利用大数据提升对顾客的了解，以开展精准营销和实现商品优化。将企业最需要利用大数据提升的业务与已经实施的大数据项目进行对比可以发现，提升对顾客的了解是零售企业最需要进一步利用大数据的领域。调查发现，74%的企业表示最需要利用大数据帮助解决的业务问题是准确理解顾客行为和消费习惯，进行全面的顾客分析；42%的企业表示需要在精准营销方面运用大数据，基于需求预测及顾客特点进行有针对性的营销，提高成交率和客单价；37%的企业表示需要运用大数据帮助解决商品优化问题，找出畅销、滞销款商品，提高售罄率，降低过期损耗，同时优化商品组合与陈列。

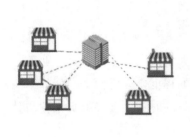

图1-7 零售行业大数据应用

2. 金融行业

美国证券交易委员会（United States Securities and Exchange Commission，SEC）正在使用大数据来监控金融市场活动。他们目前正在使用网络分析和自然语言处理器来捕捉金融市场的非法交易活动。金融行业大数据应用如图1-8所示，金融市场中的零售商、大银行、对冲基金等通常被称为"大男孩"，它们都在利用大数据对高频交易、交易前决策支持分析、情绪测量、预测分析等进行优化。该行业还严重依赖大数据进行风险分析，包括反洗钱、企业风险管理、了解客户和减少欺诈等。

图1-8 金融行业大数据应用

### 3. 媒体行业

大数据正在大幅提升新闻生产效率，也正在催生全新的新闻产品形态，给读者以更好的体验。媒体行业大数据应用如图1-9所示，大数据也可反映读者的阅读需求，进而改进新闻生产和传播。

在大数据时代，数据成为新闻的核心资源之一，受众调查也可采用大数据技术。大数据也可反映读者的阅读需求，进而改进新闻生产和传播。大数据个性化推荐系统能精确地辨识受众群体的构成及其特定阶段的具体需求，调整新闻生产中各类信息的权重，有针对性地提供新闻信息服务，并将用户需求与媒介接触点进行整合，而这是媒体持续发展的基础。

图1-9　媒体行业大数据应用

### 4. 互联网行业

互联网行业是离消费者距离最近的行业之一，并且拥有大量实时产生的数据。业务数据化是其企业运营的基本要素，因此互联网行业大数据应用的程度是非常高的。例如，淘宝会根据用户搜索、浏览过的内容进行分析，在下次用户登录的时候，会在首页推荐与其喜好相关的商品。

互联网行业数据量呈爆炸式增长，数据结构日趋复杂，用户行为丰富，Web社群关系复杂。在这种背景下，评估用户黏性成为至关重要的指标。为了提高用户体验，需要进行用户行为分析，建立精确的用户模型。

互联网行业大数据应用场景有会员分析、针对性广告投放、商品推荐等，如图1-10所示。

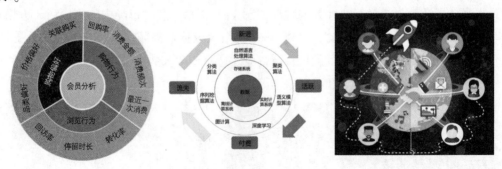

图1-10　互联网行业大数据应用

### 5. 电信行业

电信与媒体市场调研公司Informa Telecoms & Media在2013年的调查结果中显示，全球120家运营商中约有48%正在实施大数据业务。该调研公司表示，大数据业务成本平均占运营商总 IT 预算的 10%，并且在未来 5 年内将升至 23% 左右，成为运营商的一项战略性优势。可见，由流量运营进入大数据运营已成为大势所趋。

电信运营商拥有多年的数据积累，拥有诸如财务收入、业务发展量等结构化数据，也会涉及图片、文本、音频、视频等非结构化数据。从数据来源看，电信运营商的数据不但涉及移动语音、固定电话、固网接入和无线上网等业务，而且涉及公众客户、政企客户和家庭客户，同时还会收集实体、电子、直销等渠道的接触信息。整体来看，电信运营商大数据发展仍处在探索阶段。

电信行业的数据量激增且保存时间长，受众群体众多，市场饱和度高。与此不同，金融业属于高风险行业，因此需要对基础设施建设、网络运营管理、客服中心运营、客户生命周期管理以及业务运营监控和经营分析进行优化。

电信行业大数据的应用场景有分析网络日志、客户关系链研究、经营分析和市场监测等，如图 1-11 所示。

图 1-11 电信行业大数据应用

## 1.4 本章小结

本章主要介绍了大数据的定义、大数据代表技术以及大数据解决方案。通过本章的学习，读者应该对大数据领域的技术有大致了解，并熟悉各个技术在现实大数据处理过程中所起的作用。对于本章提到的主要大数据技术，后文会进行详细介绍。

习 题

### 一、选择题

1.（多选）IDC 对大数据特征的定义，以下正确的有（　　）。

A. Volume——大量化　　　　　　B. Variety——多样化

C. Value——价值密度低　　　　　D. Velocity——快速化

2.（多选）Google 使用的大数据平台包括以下哪些系统？（　　）

A. MapReduce　　　　　　　　B. BigTable

C. GFS　　　　　　　　　　　D. YARN

3. (多选) 以下属于 Hadoop 优势的有( )。

A. 动态数据移动和节点平衡      B. 数据多副本自动保存

C. 开源性      D. 低软件成本

4. (多选) 大数据不能做什么? ( )

A. 不能替代专家      B. 不只是数据

C. 持续学习与反馈      D. 不能长久保存数据

5. (多选) 数据处理技术的特点包括( )。

A. 迭代性      B. 容错性

C. 参数收敛的非均匀性      D. 速度慢

## 二、简答题

1. 大数据的 4V 特征是什么?

2. 简述大数据处理流程。

3. 分布式计算在大数据分析中有哪些作用?

4. 请查阅资料,了解 Hadoop3.×还具有哪些新的特性。

5. 你认为在 5G 时代大数据还有哪些新的应用。

# 第2章

# Hadoop 与鲲鹏大数据架构

如今，我们已经知道大数据可以存放大量的数据，但也存在不少疑问。例如，大数据是用什么技术存放海量的数据？存放了这么多数据，如何快速找到我们想要的数据？大数据是为了存放数据还是为了分析数据？为什么要使用鲲鹏大数据架构？国产化浪潮为什么近几年这么火爆？

对于这些问题，我们在学习了本章后就能找到答案。本章将会介绍 Hadoop 三大组件，鲲鹏大数据存储架构原理，鲲鹏 Volcano 智能调度框架，以及鲲鹏云服务基础介绍等内容。

## 2.1 引 言

图 2-1(a)所示是我们很熟悉的新华字典，图 2-1(b)所示是计算机的文件目录，它们之间有什么关系呢？在新华字典中如何快速找到想要的"字"呢？在计算机中如何快速找到想要的文件呢？

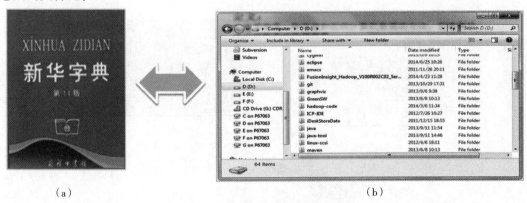

（a）                                （b）

图 2-1  新华字典与计算机文件目录

(a)新华字典；(b)计算机的文件目录

在新华字典中，可以先通过偏旁部首来定位想要查的"字"所在的页数，然后翻到对应页数就可以找到相应的"字"。在计算机中，只要知道文件的路径，就可以通过鼠标打开对应目录查看所需文件。其实在大数据领域，快速查找数据的方式是与之类似的，可以利用 HDFS 进行数据查找，本节只简要介绍 HDFS 的概念、特性、架构，以及数据读写流程，详细介绍可参见 3.3 节。

1. HDFS 概述

HDFS 基于 Google 的 GFS 开发，能够存放海量的数据。HDFS 除了具备与其他分布式文件系统相同的特性外，还有自己特有的特性，具体如下。

(1)高容错性。认为硬件总是不可靠的。

(2)高吞吐量。为大量数据访问的应用提供高吞吐量支持。

(3)大文件存储。支持存储 TB~PB 级的数据。

2. HDFS 适合做什么

HDFS 适合大文件存储与访问，以及流式数据访问。

流式数据访问是指在数据集生成后，长时间在此数据集上进行各种分析。每次分析都将涉及该数据集的大部分数据甚至全部数据，因此读取整个数据集的时间延迟比读取第一条记录的时间延迟更重要。与流式数据访问对应的是随机数据访问，它要求定位、查询或修改数据的延迟较小，适用于创建数据后再多次读写，传统关系数据库就很符合这一点。

HDFS 并不是一劳永逸的，它也有不适合使用的场景。HDFS 不适合低延迟数据访问的应用，因为 HDFS 是为高数据吞吐量应用优化的，如果访问低延迟数据应用，则会以高延迟为代价。HDFS 不合适存放大量小文件。由于 NameNode 启动时，将文件系统的元数据加载到内存，因此文件系统所能存储的文件总数受限于 NameNode 内存容量。根据经验，每份文件的目录和数据块的存储信息大约占 150 字节，如果存储 100 万份文件，且每份文件占一个数据块，那么至少需要 300 MB 的内存空间。如果存储 10 亿份文件，那么需要的内存空间将是非常大的。HDFS 也不适合多用户写入及任意修改文件。

HDFS 是 Hadoop 技术框架中的分布式文件系统，是 Hadoop 三大组件之一，用来对部署在多台独立物理机上的文件进行管理，可用于多种场景，如网站用户行为数据存储、生态系统数据存储、气象数据存储。HDFS 应用场景如图 2-2 所示。

图 2-2　HDFS 应用场景

3. HDFS 架构

(1)计算机集群结构。

分布式文件系统把文件分布存储到多个计算机节点上，成千上万的计算机节点构成计算机集群。目前，分布式文件系统所采用的计算机集群都是由普通硬件构成的，这就大大降低了硬件的开销。计算机集群结构如图2-3所示。

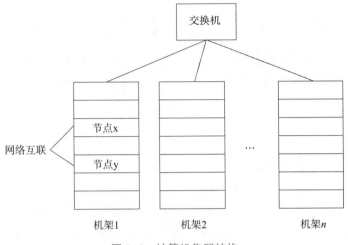

图2-3 计算机集群结构

（2）基本系统架构。

HDFS的基本系统架构包含3个部分：名称节点（NameNode）、数据节点（DataNode）、客户端（Client），如图2-4所示。

NameNode用于存储、生成文件系统的元数据，运行一个实例。DataNode用于存储实际的数据，将自己管理的数据块上报给NameNode，运行多个实例。Client支持业务访问HDFS，从NameNode和DataNode获取数据返回给业务，多个实例和业务一起运行。

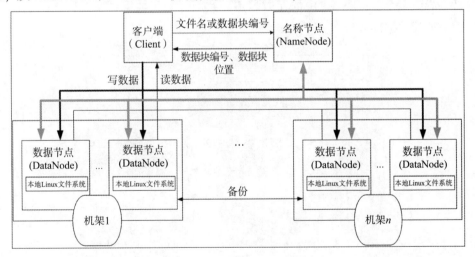

图2-4 **HDFS**的基本系统架构

4. HDFS关键特性介绍

HDFS的关键特性有很多，如图2-5所示，它们提升了架构的稳定性以及数据的安全性。由于我们刚开始学习大数据，因此先介绍其中的几个。

图 2-5　关键特性

（1）高可用性。

HDFS 的高可用性（Highly Available，HA）主要体现在利用 Zookeeper 实现主备 NameNo-de，以解决单点 NameNode 故障问题。Zookeeper 主要用来存储 HA 下的状态文件、主备信息。Zookeeper 个数建议 3 个及 3 个以上且为奇数。NameNode 主备模式，主 NameNode 提供服务，备 NameNode 同步主元数据并作为主 NameNode 的热备。ZKFC（Zookeeper Failover Controller）用于监控 NameNode 节点的主备状态。JN（JournalNode）用于存储 Active NameNode 生成的 Editlog。Standby NameNode 加载 JN 上的 Editlog，同步元数据。ZKFC 控制 NameNode 主备仲裁，ZKFC 作为一个精简的仲裁代理，利用 Zookeeper 的分布式锁功能实现主备仲裁，再通过命令通道控制 NameNode 的主备状态。ZKFC 与 NameNode 部署在一起，两者个数相同。

（2）HA 元数据同步。

在图 2-6 所示的 HA 中同时拥有两个 NameNode，但只有一个 NameNode 处于服务状态，这样会导致两个 NameNode 中的元数据不一致。假如元数据不一致，HA 就丧失了作用，所以需要元数据同步。

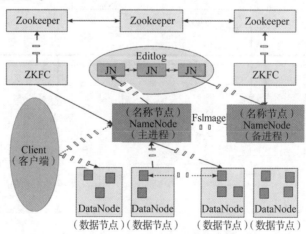

图 2-6　HA 元数据同步

主 NameNode 对外提供服务，生成的 Editlog 同时写入本地和 JN，同时更新主 NameNode 内存中的元数据。当备 NameNode 监控到 JN 上的 Editlog 变化时，加载 Editlog 进入内存，生成新的、与主 NameNode 一样的元数据。元数据同步完成，主备的 Fsimage 仍保存在各自的磁盘中，不发生交互。Fsimage 是内存中元数据定时写到本地磁盘的副本，也称为元数据镜像。

（3）元数据持久化机制。

为了确保内存中的元数据不丢失，需要将元数据保存到磁盘中，也就是元数据持久化。在元数据同步过程中，会产生一些核心文件，它们的作用如下。

Editlog 用来记录用户的操作日志，用以在 Fsimage 的基础上生成新的文件系统镜像。Fsimage 用以阶段性保存文件镜像。

Fsimage.ckpt 用来在内存中将 Fsimage 文件和 Editlog 文件合并后产生的新的 Fsimage 写到磁盘上，这个过程称为 CheckPoint。备 NameNode 加载完 Fsimage 和 Editlog 文件后，会将合并后的结果同时写到本地磁盘和网络文件系统（Network File System，NFS），此时磁盘上有一份原始的 Fsimage 文件和一份新生成的 CheckPoint 文件，即 Fsimage.ckpt，随后将 Fsimage.ckpt 改名为 Fsimage，并覆盖原有的 Fsimage。

NameNode 每隔 1 h 或 Editlog 满 64MB 就触发合并，合并时将数据传到 Standby Name-Node。因数据读写不能同步进行，此时 NameNode 将产生一个新的日志文件 Editlog.new 用来存放这段时间的操作日志。Standby NameNode 合并成 Fsimage 后回传给主 NameNode 替换原有 Fsimage，并将 Editlog.new 命名为 Editlog。

## 2.2　Hadoop 三大组件——MapReduce

工程师在编写运行任务的时候会担心编写任务的难度能否降低，任务运行失败能否自动重新提交，运行任务是否可以加快速度。在大数据领域，往往会通过计算引擎来加速任务的运行速度。本节将会介绍第一个大数据计算引擎 MapReduce，简称 MR。

### 2.2.1　MapReduce 概述

MapReduce 由 Google 开发，用于大规模数据集（大于 1 TB）的并行计算，它具有如下特点。

（1）易于编程。程序员仅需描述做什么，具体怎么做交由系统的执行框架处理。

（2）良好的扩展性。可通过添加节点以扩展集群能力。

（3）高容错性。通过计算迁移或数据迁移等策略提高集群的可用性与容错性。

（4）当某些节点发生故障时，可以通过计算迁移或数据迁移在其他节点继续执行任务，保证任务成功执行。

（5）MapReduce 是一个基于集群的高性能并行计算平台（Cluster Infrastructure），是一个并行计算与运行软件框架（Software Framework），是一个并行程序设计模型与方法（Programming Model & Methodology）。

### 2.2.2　MapReduce 过程详解

MapReduce 计算过程可具体分为两个阶段，Map 阶段和 Reduce 阶段，其中 Map 阶段输出的结果就是 Reduce 阶段的输入。可以把 MapReduce 理解为：把一堆杂乱无章的数据按照某种特征归纳起来，然后处理并得到最后的结果。Map 阶段面对的是杂乱无章的、互不相关的数据，它解析每个数据，从中提取出键(Key)和值(Value)，也就是提取了数据的特征。到了 Reduce 阶段，数据是以 Key 后面跟着若干个 Value 来组织的，这些 Value 具有相关性，在此基础上可以做进一步地处理以便得到结果。

不同的 Map 阶段，任务之间不会进行通信。不同的 Reduce 阶段，任务之间也不会发生任何信息交换。用户不能显式地从一台机器向另一台机器发送消息，所有的数据交换都是通过 MapReduce 框架自身去实现的。

图 2-7 所示是 MapReduce 的执行过程。首先，输入数据集被分成若干个小的数据分片，每个数据分片都会被分配给一个 Map 任务。对于每个分配给 Map 任务的数据分片，map()函数被应用于每个数据分片中的每条记录。它将每条记录转换成一组键值对(Key-Value Pairs)。生成的键值对按照键(Key)进行分区(Partitioning)，以确保所有具有相同键的键值对被发送到同一个 Reduce 任务。然后键值对被排序，以便在 Reduce 阶段进行合并。

reduce()函数被应用于每个分区的键值对。它将相同键的所有值进行合并和处理，生成最终的输出结果。Reduce 任务的结果通常被写入分布式文件系统(如 Hadoop 的 HDFS)或其他持久化存储，以供后续分析和查询使用。

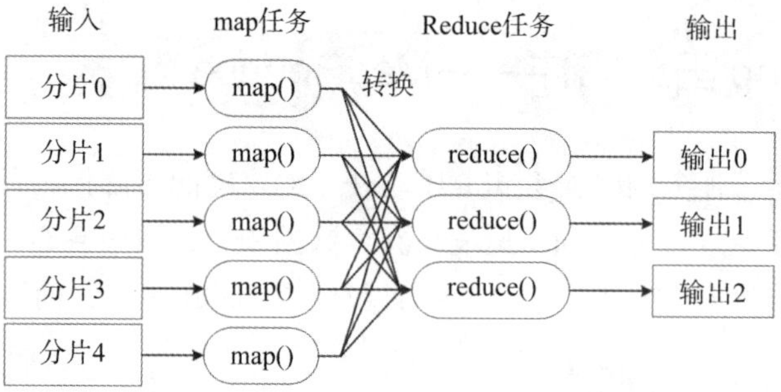


图 2-7　MapReduce 的执行过程

## 2.2.3　典型程序 WordCount 举例

假设要分析一个大文件 A 里每个英文单词出现的个数，利用 MapReduce 框架能快速实现这一统计分析。分析过程如下。

(1)待处理的大文件 A 已经存放在 HDFS 上，其被切分的数据块 A.1、A.2、A.3 分别存放在 DataNode #1~DataNode #3 上。

(2)WordCount 分析处理程序实现了用户自定义的 map()函数和 reduce()函数。WordCount 将分析应用提交给 ResourceManayer，ResourceManayer 根据请求创建对应的 Job，并根据文件块个数按文件块分片，创建 3 个 Map 任务和 3 个 Reduce 任务，这些任务运行在 Container 中。

(3)Map 任务 1~Map 任务 3 的输出是一个经分区与排序(假设没做合并)的托管对象格式(Managed Object Format，MOF)文件。

(4)Reduce 任务从 Map 任务中获取 MOF 文件，经过合并、排序，最后根据用户自定义的 Reduce 逻辑，输出如图 2-8 所示的统计结果。

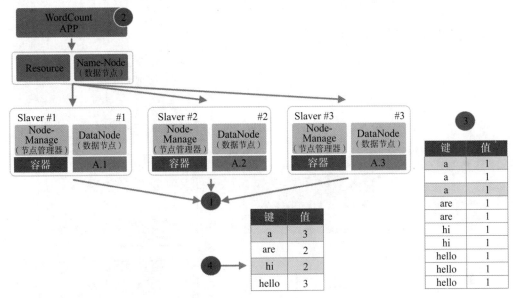

图 2-8    WordCount 执行过程

## 2.3    Hadoop 三大组件——YARN

MapReduce 计算引擎运行任务时，需要服务器对其进行资源分配，资源就是 CPU 和内存，因此需要一个组件来作为资源分配角色。例如，计算机软件也是需要分配内存和 CPU 的，那么谁来分配呢？计算机通过任务管理器进行资源分配，而 MapReduce 使用 YARN 进行资源分配。

Apache Hadoop YARN(Yet Another Resource Negotiator，另一种资源协调者)是一种新的 Hadoop 资源管理器，它是一个通用资源管理系统，可为上层应用提供统一的资源管理和调度，它的引入为集群在利用率、资源统一管理和数据共享等方面带来了巨大的好处。

YARN 所在架构位置如图 2-9 所示，YARN 不仅仅是 MapReduce 的调度工作，它还承载着多个计算引擎(如 Storm、Spark 等)的资源管理和作业调度任务。多种框架统一管理，实现了集群资源的共享，带来了多重优势，其中包括高资源利用率、低运维成本以及便捷的数据共享。

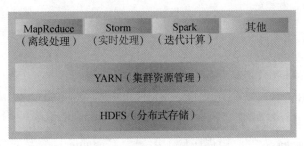

图 2-9    YARN 所在架构位置

### 2.3.1　YARN 的组件架构

YARN 的组件架构如图 2-10 所示。

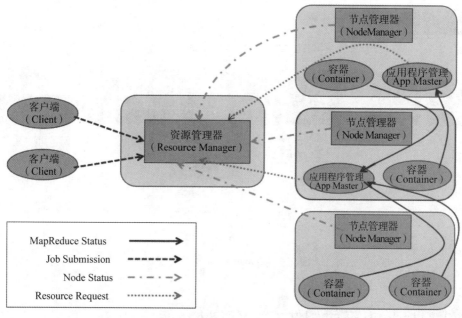

图 2-10　YARN 的组件架构

（1）ResourceManager。负责集群资源统一管理和计算框架管理，主要包括调度与应用程序管理。

（2）调度器。根据容量、队列等限制条件，将系统中的资源分配给各个正在运行的应用程序。

（3）应用程序管理器。负责管理整个系统中的所有应用程序，包括应用程序提交、与调度器协商资源、启动并监控 APPMaster 运行状态。

（4）NodeManager。节点资源管理监控和容器管理，ResourceManager 是系统中将资源分配给各个应用的最终决策者。

（5）APPMaster。各种计算框架的实现（如 MR APPMaster）向 ResourceManager 申请资源，通知 NodeManager 管理相应的资源。

（6）Container。YARN 中的资源抽象，它封装了某个节点上的多维度资源，如内存、CPU 等。

### 2.3.2　MapReduce on YARN 任务调度流程

MapReduce on YARN 任务调度流程如图 2-11 所示。

（1）用户向 YARN 中提交应用程序，其中包括 ApplicationMaster 程序、启动 ApplicationMaster 的命令、用户程序等。

（2）ResourceManager 为该应用程序分配第一个 Container，并与对应的 NodeManager 通信，要求它在这个 Container 中启动应用程序的 ApplicationMaster。

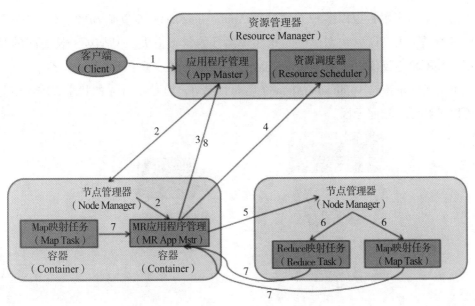

图2-11　**MapReduce on YARN** 任务调度流程

（3）ApplicationMaster 首先向 ResourceManager 注册，这样用户可以直接通过 Resource-Manager 查看应用程序的运行状态，然后它将为各个任务申请资源，并监控它的运行状态，直到运行结束，即重复步骤(4)~步骤(7)。

（4）ApplicationMaster 采用轮询的方式通过 RPC 协议向 ResourceManager 申请和领取资源。

（5）一旦 ApplicationMaster 申请到资源后，便与对应的 NodeManager 通信，要求它启动任务。

（6）NodeManager 为任务设置好运行环境(包括环境变量、JAR 包、二进制程序等)后，将任务启动命令写到一个脚本中，并通过运行该脚本启动任务。

（7）各个任务通过某个 RPC 协议向 ApplicationMaster 汇报自己的状态和进度，以便让 ApplicationMaster 随时掌握各个任务的运行状态，从而可以在任务失败时重新启动任务。在应用程序运行过程中，用户可随时通过 RPC 协议向 ApplicationMaster 查询应用程序的当前运行状态。

（8）应用程序运行完成后，ApplicationMaster 向 ResourceManager 注销并关闭自己。

### 2.3.3　YARN APPMaster 容错机制

YARN APPMaster 容错机制如图2-12所示。

在 YARN 中，ApplicationMaster 与其他 Container 类似，也运行在 NodeManager 上(忽略未管理的 ApplicationMaster)。ApplicationMaster 可能会由于多种原因崩溃、退出或关闭。如果 ApplicationMaster 停止运行，则 ResourceManager 会关闭 ApplicationAttempt 中管理的所有 Container，包括当前任务在 NodeManager 上正在运行的所有 Container。ResourceManager 会在另一计算节点上启动新的 ApplicationAttempt。

不同类型的应用希望以多种方式处理 ApplicationMaster 重新启动的事件。MapReduce 类应用目标是不丢失任务状态，也能允许一部分的状态损失。但是对于长周期的服务而言，用户并不希望仅仅由于 ApplicationMaster 的故障而导致整个服务停止运行。

YARN 支持在新的 ApplicationAttempt 启动时保留之前 Container 的状态，因此运行中的任务可以继续无故障地运行。

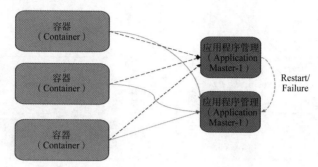

图 2-12　YARN APPMaster 容错机制

### 2.3.4　YARN 的资源管理和任务调度

1. 资源管理

每个 NodeManager 可分配的内存和 CPU 的数量可以通过配置选项设置，可在 YARN 服务配置页面配置。

（1）yarn. nodemanager. resource. memory-mb：可以分配给容器的物理内存的大小。

（2）yarn. nodemanager. vmem-pmem-ratio：虚拟内存跟物理内存的比值。

（3）yarn. nodemanager. resource. cpu-vcore：可分配给容器的 CPU 核数。

在 Hadoop3. ×版本中，YARN 资源模型已被推广为支持用户自定义的可数资源类型（Support User-Defined Countable Resource Types），而不是仅仅支持 CPU 和内存。常见的可数资源类型除了 CPU 和 Memory，还包括 GPU 资源、软件 Licenses 或本地附加存储器（Locally-Attached Storage），但不包括端口（Ports）和标签（Labels）。

2. YARN 的 3 种资源调度器

在 YARN 中，负责给应用分配资源的称为调度器（Scheduler）。在 YARN 中，根据不同的策略，共有以下 3 种调度器可供选择。

（1）先进先出调度器（FIFO Scheduler）。这种调度器把应用按提交的顺序排成一个队列，这是一个先进先出（First Input First Output，FIFO）队列，在进行资源分配的时候，先给队列的第一个应用进行分配资源，待其需求满足后再给下一个应用分配资源，以此类推。

（2）容量调度器（Capacity Scheduler）。这种调度器允许多个组织共享整个集群，每个组织可以获得集群的一部分计算能力。通过为每个组织分配专门的队列，然后为每个队列分配一定的集群资源，这样整个集群就可以通过设置多个队列的方式给多个组织提供服务。除此之外，队列内部又可以垂直划分，这样一个组织内部的多个成员就可以共享这个队列资源了。在一个队列内部，资源的调度采用的是 FIFO 策略。

（3）公平调度器（Fair Scheduler）。这种调度器为所有的应用分配公平的资源（对公平的定义可以通过参数来设置）。

理想情况下，应用对 YARN 资源的请求应该立刻得到满足，但现实中资源往往是有限的，特别是在一个很繁忙的集群中，一个应用资源的请求经常需要等待一段时间才能得到相应的资源。在 YARN 中，负责给应用分配资源的就是 Scheduler。其实调度本身就是一个难题，很难找到一个完美的策略可以解决所有的应用场景。为此，YARN 提供了多种调度器和可配置的策略供选择。

以下是一个有关公平调度器的例子。假设有两个用户 A 和 B，他们分别拥有一个队列。当用户 A 启动一个 Job 而用户 B 没有 Job 时，用户 A 会获得全部集群资源；当用户 B 启动一个 Job 后，用户 A 的 Job 会继续运行，不久之后两个 Job 会各自获得一半的集群资源。如果此时用户 B 再启动第二个 Job 并且其他 Job 还在运行，则它将会和用户 B 的第一个 Job 共享 B 这个队列的资源，也就是用户 B 的两个 Job 会获得 1/4 的集群资源，而用户 A 的 Job 仍然获得一半的集群资源，结果就是资源最终在两个用户之间平等共享。

3. 容量调度器的介绍

容量调度器使 Hadoop 应用能够可共享、支持多用户、操作简便地运行在集群上，同时最大化集群的吞吐量和利用率。容量调度器以队列为单位划分资源，每个队列都有资源使用的下限和上限。每个用户可以设定资源使用上限。管理员可以约束单个队列、用户或作业的资源使用。支持作业优先级，但不支持资源抢占。

在 Hadoop3.×中，OrgQueue 扩展了容量调度器，通过 REST API 提供了以编程的方式来改变队列的配置。这样，管理员可以在队列的 administer_queue ACL 中自动进行队列配置管理。

4. 容量调度器的特点

（1）容量保证。管理员可为每个队列设置资源最低保证和资源使用上限，所有提交到该队列的应用程序共享这些资源。

（2）灵活性。如果一个队列中的资源有剩余，则可以将其暂时共享给那些需要资源的队列，当该队列有新的应用程序提交时，其他队列释放的资源会归还给该队列。

（3）支持优先级。队列支持任务优先级调度（默认是 FIFO）。

（4）多重租赁。支持多用户共享集群和多应用程序同时运行。为防止单个应用程序、用户或队列独占集群资源，管理员可为其增加多重约束。

（5）动态更新配置文件。管理员可根据需要动态修改配置参数，以实现在线集群管理。

## 2.4　鲲鹏大数据存储架构原理

前面介绍了大数据如何存放大量数据，如何对大数据进行数据分析，以及大数据任务如何进行资源分配，本节将介绍国产化的鲲鹏大数据存储架构。鲲鹏大数据作为唯一一个核心技术掌握在国人手中的大数据存储架构，对于大数据国产化显得格外重要，我们要加强对鲲鹏大数据存储架构原理的学习。

### 2.4.1 对象存储服务

为了能够将数据存放在国产化平台上，避免国外的公司对服务器的垄断，出现了基于鲲鹏服务器的对象存储服务。

#### 1. 对象存储服务简介

对象存储服务(Object Storage Service，OBS)是一个基于对象的海量存储服务，为客户提供海量、安全、高可靠、低成本的数据存储能力，包括创建、修改、删除桶、上传、下载、删除对象等。

对象(Object)是 OBS 中数据存储的基本单位，一个对象实际是一个文件的数据与其相关属性信息(元数据)的集合体。用户上传至 OBS 的数据都以对象的形式保存在桶中。对象包括键值(Key)、元数据(Metadata)、数据(Data)这 3 个部分。

(1)键值。键值即对象的名称，为经过 UTF-8 编码的、长度大于 0 且不超过 1 024 的字符序列。一个桶里的每个对象必须拥有唯一的键值。

(2)元数据。元数据即对象的描述信息，包括系统元数据和用户元数据，这些元数据以键值对(Key-Value)的形式被上传到 OBS 中。系统元数据由 OBS 自动产生，在处理对象数据时使用，包括 Date、Content-length、Last-modify、Content-MD5 等。用户元数据由用户在上传对象时指定，是用户自定义的对象描述信息。

(3)数据。数据即对象的数据内容。通常将对象等同于文件来进行管理，但是由于 OBS 是一种对象存储服务，并没有文件系统中的文件和文件夹概念。因此，为了使用户更方便地进行数据管理，OBS 提供了一种模拟文件夹的方式，即通过在对象的名称中增加"/"，例如"test/123.jpg"。此时，"test"就被模拟成了一个文件夹，"123.jpg"则被模拟成"test"文件夹下的文件名了，而实际上，对象的名称(Key)仍然是"test/123.jpg"。

上传对象时，可以指定对象的存储类别，若不指定，则默认与桶的存储类别一致。上传对象后，对象的存储类别可以修改。在 OBS 管理控制台和客户端中，用户均可直接使用文件夹的功能，这符合了文件系统下的操作习惯。

#### 2. OBS 应用场景

(1)视频监控。

单桶支持 10 亿摄像头链接，单桶对象高达 1 000 亿，容量高达 EB 级，单路视频 10 s 完成分析，单流 300 Mbit/s 性能，GPU 计算优化，效率提升 50%；Fillp(私有协议，和 TCP 功能类似)专利传输加速服务，存储低至每月 0.08 GB，按使用容量计费，无须考虑设备折旧，免运维，可节省人力成本；多部门共享视频联网资源、视频存储资源、视频分析应用资源，分钟级资源发放，灵活部署业务。视频监控流程如图 2-13 所示。

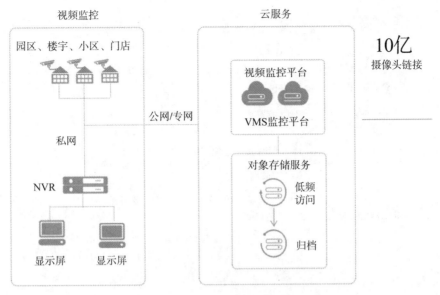

图 2-13　视频监控流程

（2）视频点播。

OBS 配合内容分发网络（Content Delivery Network，CDN）服务，可实现在线视频快速播放，大存储空间，单流大带宽，同时支持高并发访问。视频点播流程如图 2-14 所示。

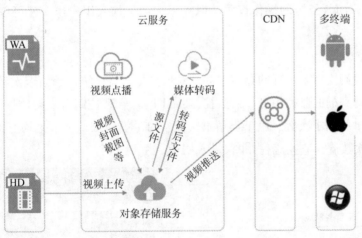

图 2-14　视频点播流程

（3）备份归档。

OBS 提供低成本、高可靠访问存储，根据备份和归档需求的不同，可以选择不同类型的存储。它具备安全可靠、广泛兼容、支持所有主流操作系统（Operating System，OS）和应用、可数据库备份的特点。数据传输和存储都采用加密技术，确保信息安全。此外，OBS 经济高效，云资源按需申请/付费，大大降低初始投资，建设周期从"月"级别缩短到"天"级别；易于管理，公有云计算、存储、网络服务按需申请，无须专人运维。备份归档流程如图 2-15 所示。

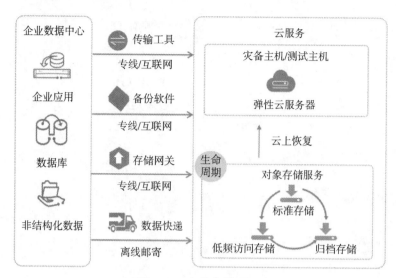

图 2-15　备份归档流程

### 3. OBS 功能特性

(1) 权限控制。

OBS 资源的访问和操作，需要用户具有相应的权限。只有具有 OBS 资源的访问/操作权限，才可以访问/操作 OBS。统一身份认证(Identity and Access Management，IAM)通过用户组设置对于 OBS 资源的操作权限，IAM 用户通过加入用户组，就可以获得用户组设置的权限。

(2) 云监控。

OBS 管理控制支持基于桶的存储空间、对象数量、流量统计和请求次数统计。可以在桶概览页面查看到桶的监控信息。云监控(Cloud Eye)管理控制台支持监控桶的上传流量、下载流量、GET 类请求次数、PUT 类请求次数、GET 类请求首字节平均时延、4××异常次数和 5××异常次数。云监控流程如图 2-16 所示。

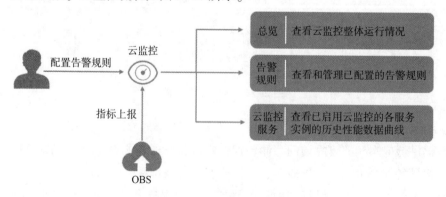

图 2-16　云监控流程

(3) 标签。

标签用于标识 OBS 中的桶，以此来达到对 OBS 中的桶进行分类的目的。OBS 以键值对的形式来描述标签。每个标签有且只有一对键值，键和值可以任意顺序出现在标签中。

同一个桶标签的键不能重复，但是值可以重复，并且可以为空。

（4）生命周期管理。

生命周期管理是指通过配置指定的规则，实现定时删除桶中的对象或定时转换对象的存储类别，如图 2-17 所示。生命周期管理规则通常包含以下两个关键要素。

1）策略。指定对象名前缀来匹配受约束的对象，则匹配该前缀的对象将受规则影响；也可以指定将生命周期管理规则配置到整个桶，则桶内所有对象都将受规则影响。

2）时间。指定在对象最后一次更新后多少天，受规则影响的对象将转换为低频访问存储、归档存储或过期并自动被 OBS 删除。

①转换为低频访问存储。指定在对象最后一次更新后多少天，受规则影响的对象将转换为低频访问存储。

②转换为归档存储。指定在对象最后一次更新后多少天，受规则影响的对象将转换为归档存储。

③过期删除。指定在对象最后一次更新后多少天，受规则影响的对象将过期并自动被 OBS 删除。

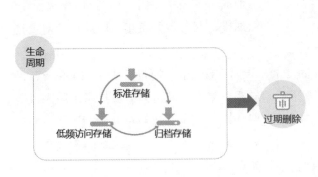

图 2-17　生命周期管理

（5）静态网站托管。

OBS 支持通过自定义域名访问托管在 OBS 上的静态网站。静态网站通常仅包含静态网页，以及可能包含部分可在客户端运行的脚本，如 JavaScript、Flash 等。相比之下，动态网站则依赖于服务器端处理脚本，包括 PHP、JSP 或 ASP. Net 等。OBS 当前尚不支持服务器端运行脚本。可以通过以下步骤来实现静态网站的托管。

①企业用户注册域名。

②企业用户在 OBS 上创建桶。

③将静态网站文件上传至 OBS 已创建的桶中。

④在 OBS 已创建的桶上配置静态网站托管。

⑤在 OBS 已创建的桶上绑定自定义域名。

⑥配置域名解析。

⑦通过企业用户注册的域名来访问企业网站，验证静态网站托管是否成功。

(6)服务端加密。

当启用服务端加密功能后，用户上传对象时，数据会在服务端加密成密文后存储。用户下载加密对象时，存储的密文会先在服务端解密为明文，再提供给用户。

密钥管理服务（Key Management Service，KMS）通过使用硬件安全模块（Hardware Security Module，HSM）保护密钥安全的托管，帮助用户轻松创建和控制加密密钥。用户密钥不会明文出现在 HSM 之外，这样可以避免密钥泄露。对密钥的所有操作都会进行访问控制及日志跟踪，提供所有密钥的使用记录，满足监督和合规性要求。

需要上传的对象可以通过数据加密服务器提供密钥的方式进行服务端加密。用户首先需要在 KMS 中创建密钥或者使用 KMS 提供的默认密钥，当用户在 OBS 中上传对象时，可以使用该密钥进行服务端加密。

OBS 支持通过接口提供 KMS 托管密钥的服务端加密（DEW-KMS）和客户提供加密密钥的服务端加密（SSE-C）两种方式，SSE-C 方式是指 OBS 使用用户提供的密钥和密钥的 MD5 值进行服务端加密。

(7)防盗链。

一些不良网站为了扩充自己站点的内容又不增加成本，经常盗用其他网站的链接。这种行为一方面损害了原网站的合法权益，另一方面加重了服务器的负担。因此，针对上述问题，产生了防盗链技术。

在超文本传输协议（Hyper text Transfer Protocol，HTTP）中，通过表头字段 referer，网站可以检测目标网页访问的来源网页。有了 referer 跟踪来源，就可以通过技术手段来进行处理，一旦检测到来源不是本站即进行阻止或返回指定页面。防盗链就是通过设置 referer 去检测请求来源的 referer 字段信息是否与白名单或黑名单匹配，若与白名单匹配成功，则允许请求访问，否则阻止请求访问或返回指定页面。

为了防止用户在 OBS 中的数据被其他人盗链，OBS 支持基于 HTTP header 中表头字段 referer 的防盗链方法。OBS 同时支持访问白名单和访问黑名单的设置。

(8)碎片管理。

OBS 中存储的碎片需要收费，需手动清理碎片。在 OBS Browser 上，文件上传失败或上传任务暂停后，都会有碎片存储在 OBS 中，可以通过任务管理重新启动上传，实现断点续传。上传成功后，碎片将自动消失。也可以通过碎片管理功能清理碎片。清理碎片后，重新启动上传任务，上传进度会丢失，任务重新请求上传。

### 2.4.2 鲲鹏大数据常见存储架构

下面介绍一种常见的大数据存储计算存储合一架构。大数据存储计算存储合一架构是一种设计方法，它将大数据存储和计算功能集合在一个整合过的体系结构中。这种架构的核心思想是将数据存储和数据处理/计算合二为一，以提高数据处理的效率和性能。这个架构实际上是将大数据的各个组件堆叠在一起，是一种最常见的做法。图 2-18 所示是鲲鹏大数据存储架构原理。

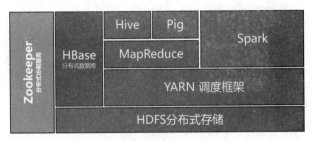

图 2-18　鲲鹏大数据存储架构原理

#### 1. 大数据存算分离架构

Hadoop 的存算分离之路经历了 3 代，其架构如图 2-19 所示，其发展历程和网络速度的加快、硬盘存放数据成本的降低息息相关。第一代大数据存算分离架构使用 HDFS 三副本存储，需要通过代码实现大数据分析逻辑；第二代大数据存算分离架构使用结构化查询语音(Structured Query Language，SQL)实现大数据分析，一套 HDFS 支持多种计算引擎；第三代大数据存算分离架构实现对接云上数据湖，实现计算和存储的分离，在存储方面，其不断降低成本，同时支持纠删码的存储；在计算方面，支持使用容器调度代替传统调度组件，使整体架构更加轻量化。

图 2-19　大数据存算分离架构

大数据存储计算存储合一架构限制于 HDFS 单一接口，在应用访问数据多样化的背景下逐渐难以应对。不同生态如果使用了多套存储，则会造成数据割裂。管理工具不统一，则会造成运维工作量增加。

计算存储融合方案适用于传统的硬件购买和自行搭建模式。在这种模式下，各个服务可以共享同一套集群，由运维团队负责管理集群的容量和水位。相反，计算存储分离方案则是云原生时代的产物，它具有一些显著的特点，包括存储按需自动扩展，计算部分具备快速任意的弹性扩缩能力，甚至在没有业务负载时可以将节点减少至零。

#### 2. 鲲鹏大数据存储架构

鲲鹏大数据存储架构融合了华为安全可控鲲鹏大数据解决方案和 BigData Pro 大数据解决方案的核心要点，提供了一种高性能、安全可控、高效率的大数据存储和计算解决方案。以下是该架构的主要特点。

(1)华为安全可控鲲鹏大数据解决方案。这个解决方案旨在解决公共安全行业大数据智能化建设中的数据安全、效率和能耗等基础性问题。它提供高性能的大数据计算和数据安全解决方案，为公共安全领域提供了强大的支持。

（2）BigData Pro 大数据解决方案。这个解决方案采用了基于公有云的存储与计算分离架构，利用了可无限弹性扩容的鲲鹏算力作为计算资源，并整合了原生多协议的 OBS 作为统一的存储数据湖。它的目标是提供"存算分离、极致弹性、极致高效"的全新公有云大数据解决方案，大幅提升了大数据集群的资源利用率，最多可降低 50% 的大数据成本。

（3）独有的系统亚健康检测与预处理。在这个架构中，OBS 支持多种硬盘健康检测和预处理功能，包括 SMART 检测、快慢盘检测、磁盘 SCSI 错误处理等。这些功能有助于提高硬盘的可靠性和性能，以及对硬盘问题的快速响应和处理。

（4）Erasure Code（纠删码）。纠删码是云存储的核心编码容错技术，用于替代传统的多副本存储方式，以更低成本和更高的数据可靠性提供云存储服务。这种技术将磁盘空间利用率从传统的三副本方式的 33% 提升到 80%，从而降低了存储成本。

（5）条带化带存储。架构采用全分布式存储，通过条带化存储实现超大带宽和高并发能力。这使得在大数据场景下，理论峰值吞吐量大大提高，有效利用了硬盘带宽。对于 PB 级别的数据规模，总体吞吐量具有显著优势。

这一综合的鲲鹏大数据存储架构结合了安全性强、性能好、效率和可靠性高的关键特点，为企业提供了一个强大的工具，用于处理大规模数据、提高数据安全性和降低成本。它代表了大数据领域的一项重要创新，有望满足不断增长的大数据需求。

## 2.5 鲲鹏 Volcano 智能调度框架

上一节介绍了传统的大数据存储架构，说明了鲲鹏大数据存储架构与传统的大数据存储架构的区别以及优势，使我们清楚了大数据存储架构其实是用来存储数据和运行任务的。在工作中，往往运行的是成百上千个任务，这些任务是如何被提交运行的呢？有哪些任务运行失败了？如何查看这些运行失败的任务？如何批量定时运行任务？这些都是项目中已存在的问题，本节将会介绍一款智能调度框架 Volcano，用它可以解决以上提到的所有问题。

### 2.5.1 Volcano 简介

Volcano 是基于 Kubernetes（简称 K8s）的批处理系统，源自华为云 AI 容器。Volcano 图标如图 2-20 所示。

图 2-20　Volcano 图标

Volcano 方便 AI、大数据、基因、渲染等诸多行业通用计算框架接入，提供高性能任务调度引擎，高性能异构芯片管理，高性能任务运行管理等能力。

Volcano 是用于在 K8s 上运行高性能工作负载的系统。它提供了 K8s 当前缺少的一套机制，许多类型的高性能工作负载通常需要这些机制，包括机器学习、深度学习生物信息学、基因组学，以及其他"大数据"应用程序。

这些类型的应用程序通常在与 Tencan 集成的 TensorFlow、Spark、PyTorch、MPI 等通用域框架上运行。Volcano 积累了 15 年的经验，使用多个系统和平台大规模运行各种高性能工作负载，并结合了开源社区的最佳创意和实践。

## 2.5.2　Volcano 的特点

华为云容器团队针对高性能容器批量计算以及云原生技术在各行业的快速普及，推出高性能容器批量计算解决方案，同时为加快云原生技术在各行业的快速普及，于 2019 年将解决方案的核心引擎 Volcano 开源，在调度、作业管理、数据管理、资源管理 4 个方面进行了重点优化。

Volcano 增强了任务调度能力，如公平的调度(Fair-Share)、组调度(Gang-Scheduling)；进一步优化了作业管理能力，如 multiple pod template 能力；提供了更灵活的 error handling 机制；增加了计算侧数据缓存能力；提升了数据的传输与读取效率；引入多维度的综合评分机制，实现资源更高效的管理和分配；支持多元算力，即支持 x86、鲲鹏和昇腾等算力。

## 2.5.3　Volcano 的作用

### 1. 解决 K8s 的痛点

K8s 作为普适的容器化解决方案，应用到大数据、AI、高性能批量计算等专业领域时，仍与业务诉求存在一些差距，主要体现在以下几点。

(1) K8s 的原生调度功能无法满足计算要求。

(2) K8s 的作业管理能力无法满足 AI 训练的复杂诉求。

(3) 数据管理方面，缺少计算侧数据缓存能力、数据位置感知等功能。

(4) 资源管理方面缺少分时共享，利用率低。

(5) 硬件异构能力弱。

### 2. 方便集成与使用

Volcano 能够很轻松地与 Kubeflow、Spark、KubeGene 集成，降低了机器学习(Machine Lecrning，ML)、大数据以及基因组测序的使用门槛。

Kubeflow 项目致力于使机器学习工作流在 K8s 上的部署简单、可移植且可扩展。其目标不是重新创建其他服务，而是提供一种直接的方式来将机器学习的同类最佳的开源系统部署到各种基础结构中。Kubeflow 图标如图 2-21 所示。

图 2-21　Kubeflow 图标

　　Spark 是用于大数据的快速通用集群计算系统。它提供了 Scala、Java、Python 和 R 语言的高级应用程序接口，并提供了优化的引擎。该引擎支持数据分析的通用计算图，还支持丰富的高级工具集，包括 Spark SQL、MLlib、GraphX 和 Spark Streaming。Spark 图标如图 2-22 所示。

图 2-22　Spark 图标

　　KubeGene 致力于简化便携式和可扩展的基因组测序过程。它为 Kubernetes 上的基因组测序提供了完整的解决方案，并支持主流的生物基因组测序方案，如 DNA、RNA 和液体活检。KubeGene 图标如图 2-23 所示。

图 2-23　KubeGene 图标

　　3. 调度效率高

　　除去易用性和扩展性，在 BigData 和 AI 场景下，资源调度的效率(成功率)通常能有效减少业务的运行时间，提高底层硬件设备的使用率，从而降低使用成本。通过 Volcano Scheduler 和原生 Scheduler 在 Gang Scheduling 的场景下做一个简单的 TensorFlow Job 执行时间对比可以发现，单个作业的执行环境，两种执行方式在运行时间上并无明显区别，但是当集群中存在多个作业时，因为原生 Scheduler 无法保证调度的成组性，所以直接导致极端情况出现：作业之间出现资源竞争，互相等待，上层业务无法正常运行，直至超时，此时的调度效率大打折扣。

#### 4. 多元算力支持

(1)统一框架。支持主流的大数据和AI生态，且支持大数据和AI任务共同调度。

(2)Volcano智能调度框架。保留YARN使用习惯，支持主流的队列、成组调度、优先级调度、动态driver/executor比例调整等大数据智能调度算法。

(3)异构硬件。x86、鲲鹏、GPU、AI芯片等多种硬件统一管理。

(4)高性能存储。内存级分布式缓存，OBS支持HDFS及可移植操作系统接口(Portable Operating System Interface，POSIX)协议，实现计算存储分离。

(5)高性能网络。100 Gbit/s高速IB网络及RoCE网络，25GE DPDK用户态网络。

### 2.5.4 Volcano的架构

Volcano是基于K8s的云原生批量计算引擎，基于华为云在AI、大数据领域的深厚业务积累，补齐了K8s在面向AI、大数据、高性能计算等批量计算任务调度、编排等场景下的短板，向下支持鲲鹏、昇腾、x86等多元算力，向上使能TensorFlow、Spark、华为MindSpore等主流行业计算框架，让数据科学家和算法工程师充分享受到云原生技术所带来的高效计算与极致体验。

针对不同应用场景，Volcano已与多个主流计算框架社区完成官方合作集成，包括Kubeflow、Spark、PaddlePaddle、Horovod(MPI)、Cromwell、MindSpore等。Volcano的架构如图2-24所示。

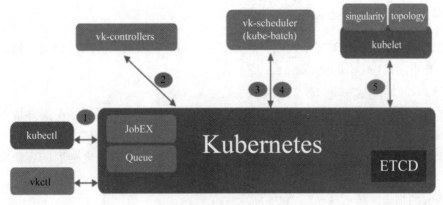

图2-24 Volcano的架构

(1)Volcano弥补了K8s在AI场景下的不足，为飞桨(PaddlePaddle)分布式深度学习对接K8s提供了更好支持，PaddlePaddle on Volcano方案显著简化了飞桨推荐系统解决方案ElasticCTR的部署落地，非常期待K8s+Volcano+PaddlePaddle的整套开源部署方案更加成熟完善，给AI开发者带来更大便利。

(2)vk-scheduler中的策略是可插入的，如DRF、优先级、成组。

(3)vk-controllers包括JobExController、QueueController。

(4)Volcano处理高性能工作量。

如果所有认证都通过，则kubectl在apiserver中创建JobEx对象，JobExController根据其副本和模板创建Pod，vk-scheduler从apiserver中获取Pod的通知，vk-scheduler会根据

其策略为 JobEx 的 Pod 选择一台主机 kubelet 从 apiserver 中获取 Pod 的通知，然后启动容器。

### 2.5.5　商业应用

目前，Volcano 已在华为云容器批量计算解决方案商开展应用，并支撑多家国内外头部企业应用于 AI、大数据、基因等计算场景。Volcano 支持批量任务与容器的快速发放，最快每秒可发放 1 000 个容器，并提供公平调度、队列调度等高级功能，同时与鲲鹏、昇腾处理器深度融合，打造更高性能、更高性价比的容器批量计算解决方案。

华为容器批量计算项目 Volcano 正式加入云原生计算基金会（Cloud Native Computing Foundation，CNCF），此次 CNCF 正式将 Volcano 接纳为云原生领域唯一容器批量计算项目，这将极大促进 Volcano 上下游社区生态构建及合作，吸引广大云原生企业用户深度参与。Volcano 将在企业数字化、云原生转型过程中发挥越来越重要的作用，华为云也将在云原生领域持续耕耘、持续引领创新、繁荣生态，助力各行业走向快速智能发展之路。

## 2.6　鲲鹏云服务基础介绍

本节将重点介绍鲲鹏云服务的架构和主要产品，帮助大家理解鲲鹏云服务的核心功能，为后期在鲲鹏云服务中购买服务器等操作打下基础。

### 2.6.1　华为云服务架构

目前，华为云已在全球多个地域开放云服务，用户可以根据需求选择适合自己的区域（Region）和可用区（Availability Zones，AZ）。

#### 1. 华为云的物理区域概念

可用区是同一区域内电力和网络互相隔离的物理区域，一个可用区不受其他可用区故障的影响。一个区域内可以有多个可用区，不同可用区之间物理隔离。

区域指物理的数据中心。每个区域完全独立，这样可以实现最大程度的容错能力和稳定性。

华为云的物理区域示意如图 2-25 所示。

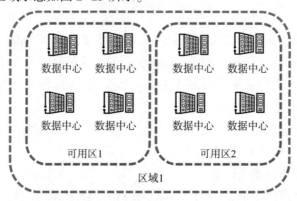

图 2-25　华为云的物理区域示意

2. 企业如何选择可用区

企业所利用的资源分布在特定区域内的可用区中，离用户越近，理论上的延迟越低，用户体验越好，不同区域的资源价格可能不一样，因为不同地区服务提供商的部署成本不一样。

区域是一个地理区域的概念。我国地域面积宽广，由于带宽的原因，不可能只建设一个数据中心为全国客户提供服务。因此，根据地理区域的不同，将全国划分成不同的区域。选择区域时通常根据就近原则进行选择，例如客户在北京，那么可以选择华北服务区，这样可以减少访问服务的网络时延，提高访问速度。同一地域内可用区间内网互通，不同地域间内网不互通。

3. 华为云物理架构(华为国际站+运营商合营云)

(1)国际站建设。中国香港、新加坡、南非、中东陆续开通。

(2)云连接。华为云的物理架构在云连接方面具备强大的能力，包括跨境合规连接、全球分布的云连接骨干资源重用以及冗余路由。

(3)欧洲合营云。虽然运营和运维主体不同，但通过云联盟建立对租户呈现为统一的认证鉴权入口、计量计费、Console 体验及 API 能力开放。换句话说，将合营云的物理 Region 作为华为云的"逻辑 Region"与其他华为云物理 Region 统一呈现。反过来，也可实现华为云的物理 Region 的云服务和云资源通过运营商转售渠道提供给渠道商的租户。

(4)骨干互联拓扑。100 ms 时延圈。全球根据地域划分片区，片区内网络延迟 100 ms 以内，各片区选择中心路由点，路由点作为片区总出口，欧洲作为互联中心，与其他所有点都互联，各地路由点之间互联，每路由点至少对接另外两个路由点。

## 2.6.2　华为云服务主要产品介绍

1. 计算服务——ECS

弹性云服务器(Elastic Cloud Server，ECS)可以根据业务需求和伸缩策略，自动调整计算资源，根据自身需要自定义服务器配置，灵活选择所需的内存、CPU、带宽等配置，以打造可靠、安全、灵活、高效的应用环境。

ECS 是由 CPU、内存、操作系统、云硬盘组成的最基础的计算组件。ECS 创建成功后，用户可以像使用自己的本地 PC 或物理服务器一样，在云上使用它。ECS 可以理解为在云上专门为用户提供的一台虚拟机，用户可以像使用虚拟机一样快速创建和释放它，轻松修改其规格，同时监控它的各项关键指标，包括磁盘读写次数、网络连接数等。

2. ECS 的使用场景

(1)网站应用。

ECS 适用于对 CPU、内存、硬盘空间和带宽无特殊要求，对安全性、可靠性要求高，服务一般只需要部署在一台或少量服务器上，一次投入成本少，后期维护成本低的场景。例如网站开发测试环境、小型数据库应用。

推荐使用通用型 ECS，其主要提供均衡的计算、内存和网络资源，适用于业务负载压力适中的应用场景，满足企业或个人普通业务搬迁上云需求。

（2）企业电商。

ECS 适用于对内存要求高、数据量大并且数据访问量大、要求快速的数据交换和处理的场景。例如广告精准营销、电商、移动 APP。

推荐使用内存优化型 ECS，主要提供高内存实例，同时可以配置超高 I/O 的云硬盘和合适的带宽。

用户应该在不同的使用场景下选择不同类型的 ECS，目前可选的类型如下：通用计算型 ECS、通用计算增强型 ECS、通用入门型 ECS、鲲鹏通用计算增强型 ECS、鲲鹏内存优化型 ECS、内存优化型 ECS、超大内存型 ECS、磁盘增强型 ECS、超高 I/O 型 ECS、高性能计算型 ECS、超高性能计算型 ECS、GPU 加速型 ECS、FPGA 加速型 ECS、AI 加速型 ECS。

3. 计算服务——IMS

镜像服务（Image Management Service，IMS）提供镜像的生命周期管理能力。用户可以灵活地使用公共镜像、私有镜像或共享镜像申请 ECS 和裸金属服务器。同时，用户能通过已有的云服务器或使用外部镜像文件创建私有镜像。镜像的创建方式可以直接上传，或者通过云服务器制作镜像。IMS 的功能如图 2-26 所示。

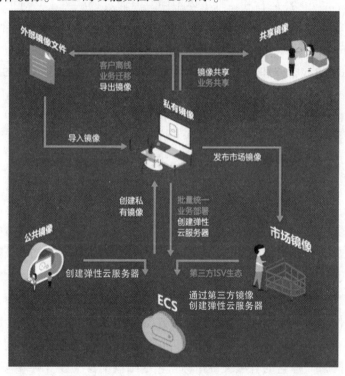

图 2-26　IMS 的功能

4. 网络服务——VPC

虚拟私有云（Virtual Private Cloud，VPC）为云服务器、云容器、云数据库等资源构建隔离的、用户自主配置和管理的虚拟网络环境，提升用户云上资源的安全性，简化用户的网络部署。

用户可以在 VPC 中定义安全组、虚拟专用网络（Virtual Private Network，VPN）、IP 地址段、带宽等网络特性。用户还可以通过 VPC 方便地管理、配置内部网络，进行安全、快捷的网络变更。同时，用户可以自定义安全组内与组间ECS的访问规则，加强ECS的安全保护。

此处的VPC仅支持设置网段，不支持设置虚拟局域网（Virtual Local Area Network，VLAN）信息，可以通过设置子网信息来修改动态主机配置协议（Dynamic Host Configuration Protocol，DHCP）相关信息，例如DNS和租约时间等。

5. 访问控制——安全组、ACL

（1）安全组。

安全组是一个逻辑上的分组，为具有相同安全保护需求并相互信任的云服务器提供访问策略。安全组创建后，用户可以在安全组中定义各种访问规则，当云服务器加入该安全组后，即受到这些访问规则的保护。简单来说，就是在安全组规则内的才可以正常通信。

（2）ACL。

网络访问控制列表（Access Control List，ACL）与安全组类似，都是安全防护策略，当用户想增加额外的安全防护层时，就可以启用网络ACL。安全组只有"允许"策略，但网络ACL可以"拒绝"和"允许"，两者结合可以实现更精细、更复杂的安全访问控制。

安全组对ECS流量进行控制，ACL对子网流量进行控制，ACL是子网级别的访问控制，无法控制同子网内的ECS通信。同子网的ECS通信需要通过安全组来控制。

6. 网络服务——EIP

弹性公网IP（Elastic IP，EIP）提供独立的公网IP资源，包括公网IP地址与公网出口带宽服务。假如ECS没有EIP，那么它就相当于在局域网里面，只能访问局域网里的资源。例如，在相同的AZ下申请了3台ECS（ECS1、ECS2、ECS3），其中ECS1有EIP。

可以通过安全外壳（Secure Shell，SSH）协议在任意地方连接ECS1，然后通过ECS1去访问ECS2或ECS3的资源，不能直接通过SSH协议或其他方式直接访问ECS2或ECS3的资源。

7. 存储服务——EVS

云硬盘（Elastic Volume Service，EVS）可以为云服务器提供高可靠、高性能、规格丰富并且可弹性扩展的块存储服务，从而满足不同场景的业务需求，该服务适用于分布式文件系统、开发测试、数据仓库以及高性能计算等场景。注意，EVS无法单独使用，必须挂载至ECS才可使用。

## 2.6.3 华为云鲲鹏云服务背景

1. 企业数字化转型面临的挑战

（1）管理效率/水平难以跟上业务的发展，业务孤岛，投入分散，不能形成合力。

（2）创新业务试错，业务的不确定性，初期无法大规模投入，大规模投入交付周期长，无法满足业务快速变化的需要。

（3）业务浪涌式或爆发式增长，企业难以快速响应，上线周期长，难以把握机会窗口。

（4）企业业务和数据的可靠性、安全性受限于技术、资金、人才等因素，存在隐患。

2. 华为云鲲鹏云服务概述

华为云鲲鹏云服务基于鲲鹏处理器等多元基础设施，涵盖裸机、虚拟机、容器等形态，

具备多核高并发的特点，非常适合 AI、大数据、高性能计算（High Performance Computing，HPC）、云手机/云游戏等场景。

华为云基于华为鲲鹏处理器架构，提供鲲鹏 ECS、鲲鹏 BMS、鲲鹏 CCE、鲲鹏 CCI 等 69 款鲲鹏云服务和鲲鹏专属云、鲲鹏 HPC、鲲鹏大数据、鲲鹏企业应用、鲲鹏原生应用等 20 多种解决方案，面向政府、金融、大企业、互联网等全行业多场景。

2019 年 9 月 19 日，在华为全联接大会上，华为 Cloud&AI 产品与服务总裁侯金龙进行了主题演讲，69 款基于鲲鹏处理器的云服务正式发布。鲲鹏云服务底层基础设施中核心的鲲鹏芯片是 ARM 架构，华为坚持持续战略投入 ARM 产业。

（1）华为拥有长期的 ARM 芯片研发积累，目前已经研发了 3 代服务器 ARM 芯片。

（2）华为拥有端到端的产业化能力，从处理器、操作系统、云服务到行业方案，能够为客户提供整体解决方案能力。

（3）华为云经过十多年的发展，拥有丰富的研发经验。

### 2.6.4　华为云鲲鹏云服务概述

#### 1. 鲲鹏 ECS 概述

鲲鹏 ECS 是由 CPU、内存、操作系统、云硬盘组成的最基础的计算组件，是鲲鹏基础云服务之一，也是用户可以直接感知到鲲鹏的最重要的服务。

#### 2. 鲲鹏 ECS 的型号和应用场景

鲲鹏 ECS 目前以通用计算增强型为主，后续陆续提供存储密集型、内存密集型等全系列的规格。鲲鹏 ECS 保持与现有计算服务的功能移植，覆盖全场景，提供极致性价比，已具备丰富生态并在不断发展完善。鲲鹏 ECS 的型号如图 2-27 所示。

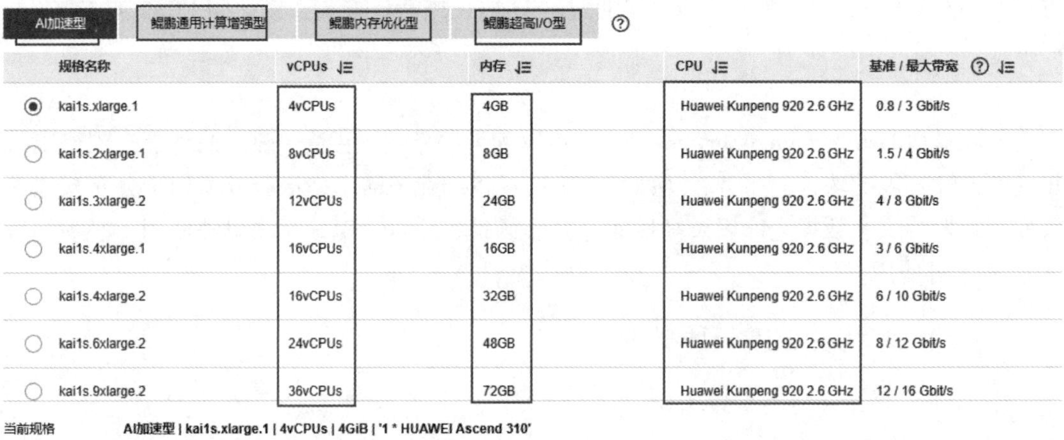

| 规格名称 | vCPUs | 内存 | CPU | 基准 / 最大带宽 |
|---|---|---|---|---|
| kai1s.xlarge.1 | 4vCPUs | 4GB | Huawei Kunpeng 920 2.6 GHz | 0.8 / 3 Gbit/s |
| kai1s.2xlarge.1 | 8vCPUs | 8GB | Huawei Kunpeng 920 2.6 GHz | 1.5 / 4 Gbit/s |
| kai1s.3xlarge.2 | 12vCPUs | 24GB | Huawei Kunpeng 920 2.6 GHz | 4 / 8 Gbit/s |
| kai1s.4xlarge.1 | 16vCPUs | 16GB | Huawei Kunpeng 920 2.6 GHz | 3 / 6 Gbit/s |
| kai1s.4xlarge.2 | 16vCPUs | 32GB | Huawei Kunpeng 920 2.6 GHz | 6 / 10 Gbit/s |
| kai1s.6xlarge.2 | 24vCPUs | 48GB | Huawei Kunpeng 920 2.6 GHz | 8 / 12 Gbit/s |
| kai1s.9xlarge.2 | 36vCPUs | 72GB | Huawei Kunpeng 920 2.6 GHz | 12 / 16 Gbit/s |

AI加速型　鲲鹏通用计算增强型　鲲鹏内存优化型　鲲鹏超高I/O型

当前规格　AI加速型 | kai1s.xlarge.1 | 4vCPUs | 4GiB | '1 * HUAWEI Ascend 310'

图 2-27　鲲鹏 ECS 的型号

#### 3. 鲲鹏裸金属服务器概述

裸金属服务器（Bare Metal Server，BMS）是一款兼具虚拟机弹性和物理机性能的计算类服务，为企业提供专属的云上物理服务器，为核心数据库、关键应用系统、高性能计算、大数据等业务提供卓越的计算性能以及数据安全。

裸金属服务器在众多核心计算场景中领先于 x86 平台，特别适用于高并发数据处理，如大数据、高性能计算、ARM 原生应用等。

鲲鹏计算服务包含鲲鹏 ECS 和鲲鹏 BMS。鲲鹏 ECS 提供计算通用型、存储密集型、内存密集型和计算加速型实例,而鲲鹏 BMS 提供通用型和存储型实例。相对于 x86 实例,鲲鹏 ECS 和鲲鹏 BMS 在性价比方面都具有明显的优势,尤其是在相同配置(例如 6 148 个 CPU 核心)下。

### 4. 鲲鹏云手机概述

鲲鹏云手机(Cloud Phone,CPH)是基于鲲鹏 BMS 在服务器上虚拟出 N 个带有原生安卓操作系统。鲲鹏云手机的应用场景包括应用托管、云游戏、移动办公等。例如通过 ARM 服务器去模拟多台手机来进行游戏挂机这种互联网化的场景;又如网信办要求通过挂机模式去获取 APP 的使用数据,再在后台做数据分析和监控等,通过把从端侧数据获取到数据处理、呈现的一整套系统都基于云部署,提供给客户完整的解决方案,这是一个面向政企场景的很好的方案。此外,还有移动办公场景,通过将应用集中在云端部署维护,解决安全可控、高可用等问题。后面这两个例子是将原生的终端应用使用在非互联网化的、政企应用的场景。

鲲鹏云手机结合华为在操作系统、虚拟化以及容器等方面技术的深厚积累,构建高密 MonBox 仿真软件架构,相比同等性能 x86 服务器构造方案,其性能提升高达 10 倍以上,并兼容 32 位与 64 位的应用。

### 5. 鲲鹏云容器概述

(1)云容器引擎(Cloud Container Engine,CCE)。提供高可靠、高性能的企业级容器应用管理服务,支持 K8s 社区原生应用和工具,简化云上自动化容器运行环境的搭建。

(2)云容器实例(Cloud Container Instance,CCI)。提供基于 K8s 的 Serverless Container(无服务器容器服务),兼容 K8s 和 Docker 原生接口。用户无须关注集群和服务器,仅需简单 3 步配置即可快速创建容器负载。

(3)MindSpore。新一代 AI 开源计算框架。MindSpore 创新编程范式,AI 科学家和工程师更易使用,便于开放式创新。该计算框架可满足终端、边缘计算、云全场景需求,能更好保护数据隐私,可开源,形成广阔应用生态。

(4)TensorFlow。一个基于数据流编程(Dataflow Programming)的符号数学系统,被广泛应用于各类 ML 算法的编程实现。

## 2.7 本章小结

本章首先对 HDFS 的概念及应用场景进行了介绍,阐述了 HDFS 架构原理及其关键特性;其次介绍了 MapReduce 和 YARN 的应用场景和基本架构,还介绍了 YARN 的资源管理与任务调度的原理;最后介绍了华为云服务中的主要产品,以及华为鲲鹏云服务的背景和相关概述。

 习 题

## 一、选择题

1. (多选)以下属于 MapReduce 的特点的有(　　)。

A. 易于编程　　　　　　　　　　B. 良好的扩展性

C. 实时计算　　　　　　　　　　D. 高容错性

2. YARN 中资源抽象用什么表示?(　　)

A. 内存　　　　　　　　　　　　B. CPU

C. Container　　　　　　　　　　D. 磁盘空间

3. 以下适合 MapReduce 做的是(　　)。

A. 迭代计算　　　　　　　　　　B. 离线计算

C. 实时交互计算　　　　　　　　D. 流式计算

4. (多选)以下属于容量调度器的特点的有(　　)。

A. 容量保证　　　　　　　　　　B. 灵活性

C. 多重租赁　　　　　　　　　　D. 动态更新配置文件

5. (多选)OBS 支持哪几种方式对用户的 OBS 请求进行访问控制?(　　)

A. ACL　　　　　　　　　　　　B. 桶策略

C. 用户签名认证　　　　　　　　D. 服务端加密

6. 华为鲲鹏 BMS 最高可提供多少核?(　　)

A. 32　　　　　B. 48　　　　　C. 64　　　　　D. 128

7. 以下用于提供鲲鹏计算服务的是(　　)。

A. ECS　　　　　B. OBS　　　　　C. EVS　　　　　D. CBR

## 二、简答题

1. HDFS 是什么?它适合做什么?

2. HDFS 包含哪些角色?

3. 简述 HDFS 数据读写流程。

4. 简述 MapReduce 的工作原理。

5. 简述 YARN 的工作原理。

6. 简述 Hadoop 3 个时代的架构特点。

7. 试比较大数据存储计算存储一架构与数据湖模式。

8. 简述 Volcano 的概念。

9. 简述 K8s 作为普适的容器化解决方案,应用到大数据、AI、高性能计算等专业领域时存在的痛点。

# 第3章
# HDFS 架构

随着 5G 时代的到来，存储介质的成本逐渐下降，存储数据的方式越来越多，上传数据到云端更加迅速。大家是否有这样的疑问：为什么我们不会担心存放在云端的数据丢失？云端的数据是怎么保存的？

本章将介绍大数据时代最常用的分布式文件系统架构，包括最常用的分布式文件系统、HDFS 的框架设计结构、HDFS 的组件设计原理、HDFS 设计，以及高级特性。

## 3.1 引 言

图 3-1(a)所示是 Windows 操作系统，可以通过可视化界面来查看文件内容、图片、视频，浏览网页等。图 3-1(b)所示是 Linux 操作系统，可以通过命令行进行文本查看、执行任务等操作。为什么 Windows 和 Linux 操作系统知道文件所在的位置呢？为什么它们可以运行指定的任务呢？

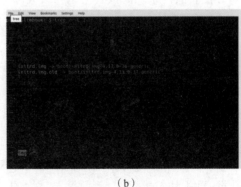

(a)                   (b)

图 3-1 Windows 与 Linux 操作系统对比

(a)Windows 操作系统；(b)Linux 操作系统

事实上，这些操作都和文件系统有关，包括计算机、手机等科技化产品改成科技产品。都是由文件系统来维护产品内部的数据的，所以其至关重要。

文件系统是操作系统用于明确存储设备(常见的是磁盘，也有基于 NAND Flash 的固态硬盘)或分区上的文件的方法和数据结构，即文件系统是在存储设备上组织文件的方法。

Linux 文件系统结构如图 3-2 所示，它是一个层次化的树状结构，以根目录(/)为起点，包括/bin（二进制命令）、/etc（配置文件）、/var（变化数据）、/home（用户家目录）等目录，每个目录有特定用途，用于组织和存储文件和目录，使 Linux 操作系统的文件和资源管理更有条理性和可维护性。

Windows-DOS 文件系统结构如图 3-3 所示，它是一种层次化的文件组织方式，其中根目录通常为 C：\ ，包含子目录（如 Program Files、Windows）、可执行文件、系统配置文件等，用于管理和存储计算机上的文件和程序，使 Windows-DOS 操作系统能够有效地组织、访问和管理数据和资源。

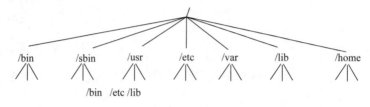

图 3-2　Linux 文件系统结构

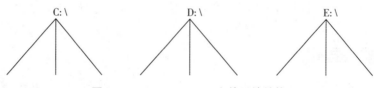

图 3-3　Windows-DOS 文件系统结构

1. 文件系统的定义与组成部分

文件系统是一种存储和组织计算机数据的方法，它使得对数据的访问和检索变得高效和方便。文件系统的核心概念和组成部分有文件名、元数据（Metadata）和数据块（Block）。

（1）文件名：在文件系统中，文件名用于定位存储位置。

（2）元数据：保存文件属性的数据，如文件名、文件长度、文件所属用户组、文件存储位置等。

（3）数据块：存储文件的最小单元，对存储介质划分了固定的区域，使用时按这些区域分配使用。

2. 文件系统的功能

以块形式存储是目前最常用的一种数据存储方式，在进行数据存储时，使用的是"元数据+数据块"的形式：元数据是数据的一个摘要信息，保存着文件的名称、长度、存储位置、类型等信息，类似于字典中的索引和正文的关系；数据块作为存储文件的最小单元，对存储区域进行了区域划分，在写入数据时按需分配。

按照字典的方式进行类比，文件系统相当于字典，元数据相当于索引目录，数据相当于正文，查字典就和查找数据一样，首先需要访问文件系统，然后根据元数据找到对应的数据位置和相关的属性信息，最后根据元数据的描述找到数据。

文件系统的功能包括：管理和调度文件的存储空间，提供文件的逻辑结构、物理结构和存储方法；实现文件从标识到实际地址的映射，实现文件的控制操作和存取操作，实现文件信息的共享并提供可靠的文件保密和保护措施，提供文件的安全措施。

### 3. 文件系统的类型

目前常见的文件系统的类型包括以下几种。

（1）文件配置表（File Allocation Table，FAT）。FAT是早期Windows操作系统使用的文件系统，计算机将信息保存在硬盘上被称为"簇"的区域内。计算机硬盘使用的簇越小，保存信息的效率就越高。

（2）新技术文件系统（New Technology File System，NTFS）。NTFS是一个基于安全性的文件系统，是Windows NT所采用的独特的文件系统结构，它是建立在保护文件和目录数据基础上，同时照顾节省存储资源、减少磁盘占用量的一种先进的文件系统。

（3）exFAT。Extended File Allocation Table File System，扩展FAT，即扩展文件分配表。

（4）EXT。EXT是Linux操作系统常用的文件系统，主要分为EXT2~EXT4。

## 3.2 HDFS概述

大数据领域中往往会使用HDFS存放海量数据，中国移动、中国联通、腾讯、华为、阿里巴巴等公司均使用HDFS存放数据。HDFS不仅受到大公司的青睐，与政府相关的公司企业也都在使用它来存放数据。

HDFS是运行在通用硬件上的分布式文件系统，它具有高容错性和高吞吐量，并且支持大文件存储。所谓通用硬件，就是指软件对于底层的硬件平台的配置和设备没有需求，可以随意搭建并且兼容，对于HDFS包括整体的Hadoop组件来说，这样做可以得到完美的拓展性。由于本身设备对于硬件没有要求，因此可以按照无限堆积硬件的方式进行性能的拓展，直到满足大数据处理系统的需求。这样可以减小在实际操作中的成本，并且可以提供更好的容错性。如果对于设备的型号或性能有需求，那么难免会在搭建时使用相同的设备来进行操作。这样的话，如果某一厂商的设备存在问题，就会在一批设备上出现相同的问题，造成整体性能的下降或系统的安全性危机。

HDFS支持的主要是大文件的流数据，对于离散的小文件的支持性较弱，尤其是对延迟比较敏感的应用。

由于HDFS的文件系统需要将元数据加载在内存中进行维护，我们将该维护进程称为NameNode，系统需要为每一个数据文件维护约150字节的元数据，而存储小文件和大文件消耗同样的元数据空间。在支持性上，小文件如果过多就会影响最终数据的存储容量。对于相同的元数据空间，其所能存储的单位数据越大，大数据文件系统的支持性也就越强。因此，HDFS在相同的文件数目下，存储大文件和小文件的开销相同，那么存储大文件就更加合理。并且作为大数据主要使用的文件系统，HDFS主要提供的是文件的读操作，整个分布式进程中只有一个写进程，其他进程全部都是读进程，并且该写进程位于所有进程的最后。设计者针对大数据操作系统的处理特点，为了保护数据的一致性和读写性能，提出了"写一次，多次读取"（Write Once，Read Many，WORM）模型作为HDFS整体的系统

·45·

设计目标。WORM 模型最开始使用在存储系统中，用于对关键数据进行保护，如政府、法院的判决文件等。这些文件可以进行读取，由于需要保护其不受篡改，因此需要使用 WORM 模型来进行保证。当一份文件写入文件系统之后，在更改期限内，可以对其进行改写操作。当进入保护期之后，就只能进行读取，无法进行写操作了，这里说的写操作是任何写都不能执行。当文件大小为 0 字节，即该文件为空文件时，文件在保护期内还有一次追加写的机会。这是在存储中的 WORM 模型具有的特点。在 HDFS 中，由于设计目标并不是为了防止文件的篡改，而是为了保证高效率的读取，所以并没有将 WORM 模型设计得很严格。写入的文件是不再允许被修改的，但是可以在文件末尾进行无限地追加写操作。

### 3.2.1 HDFS 的应用场景

HDFS 可以存放任意的数据吗？数据量大就可以将数据存放在 HDFS 中吗？其实不然，因为 HDFS 也有自己的应用场景。

1. HDFS 适用的场景

(1)大文件存储(文件往往在 100 MB 以上)。

(2)流式数据访问(顺序读取数据)。

2. HDFS 不适用的场景

(1)低延迟数据访问的应用。因为 HDFS 是为高数据吞吐量应用优化的，这样就会造成以高延迟为代价。

(2)大量小文件。当 NameNode 启动时，文件系统的元数据被加载到内存中，因此文件系统所能存储的文件总数受限于 NameNode 内存容量。根据经验，每份文件，其目录和数据块的存储信息大约占 150 字节，如果存储 100 万份文件，且每份文件占一个数据块，那么至少需要 300 MB 的内存空间，但是如果存储 10 亿份文件，那么需要的内存空间将是非常大的。

(3)多用户写入，任意修改文件。因为现在 HDFS 文件只有一个写操作，而且写操作总是在文件的末尾进行。

3. HDFS 应用类型举例

HDFS 主要应用于气象系统数据存储、用户行为数据存储，以及其他以海量大文件、读操作为主的业务。

### 3.2.2 HDFS 设计架构

在大数据的组件架构中，HDFS 提供的是整个结构最底层的文件存储功能，组织了文件形式，将数据切分为数据块存储起来，并且记载和维护元数据。HDFS 设计架构包含 3 个组件：NameNode、DataNode、Client。

1. HDFS 设计架构——NameNode

NameNode 用于存储、生成文件系统的元数据，运行一个实例。NameNode 是由 HDFS

调入内存运行的。NameNode 作为元数据的维护进程，为了能够提升整体读取的效率，将元数据的维护进程搭载在内存中运行，但是内存中的数据是易失的，所以平时元数据还是在 DataNode 中进行维护。当系统启动之后，服务器会启动 HDFS 进程，然后将 NameNode 加载到内存中，NameNode 会加载元数据镜像文件到自身内存中。

NameNode 启动流程如下。

（1）第一次启动 NameNode 格式化后，创建 Fsimage 和 Edits 文件。如果不是第一次启动，则直接加载编辑日志和镜像文件到内存中。

（2）客户端对元数据进行增、删、改的请求。

（3）NameNode 记录操作日志，更新滚动日志。

（4）NameNode 在内存中对数据进行增、删、改。

### 2. HDFS 设计架构——DataNode

DataNode 用于存储实际的数据，每个 DataNode 会将自己维护的数据块信息上报到 Name-Node，运行多个实例。HDFS 默认最小的存储空间为 Block，每个 Block 默认大小为 128 MB。DataNode 除了需要维护数据，还需要留有一部分的空间用于存储元数据镜像文件 Fsimage。如果 NameNode 和 DataNode 部署在一起，那么 Fsimage 就在 DataNode 上，其实相当于是在服务器的存储介质上。如果 NameNode 和 DataNode 分开部署，那么就相当于 Fsimage 存储在部署 NameNode 的服务器上。图 3-4 所示为 NameNode 所在集群位置。

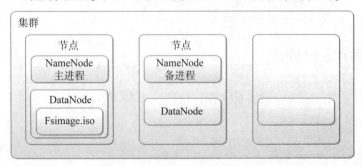

图 3-4　NameNode 所在集群位置

DataNode 启动流程如下。

（1）一个数据块在 DataNode 上以文件形式存储在磁盘上，包括两份文件，一份是数据本身，另一份是元数据，包括数据块的长度、块数据的校验和，以及时间戳。

（2）DataNode 启动后向 NameNode 注册，注册通过后，周期性（1 h）地向 NameNode 上报所有的块信息。

（3）心跳是每 3 s 发送一次的信号，它的返回结果包含有关 NameNode 的命令，例如将数据块复制到另一台机器或删除某个数据块。如果在超过 10 min 内未收到某个 DataNode 的心跳信号，系统会将该节点标记为不可用。这种机制用于监测和维护 HDFS 中的数据节点的状态和可用性。

（4）集群运行中可以安全加入和退出一些机器。

DataNode 数据完整性如下。

（1）当 DataNode 读取 Block 的时候，它会计算 Checksum（校验和）。

（2）如果计算后的 Checksum 与 Block 创建时的值不一样，则说明 Block 已经损坏。

（3）Client 读取其他 DataNode 上的 Block。

（4）DataNode 在其文件创建后周期验证 Checksum。

3. HDFS 设计架构——Client

Client 支持业务访问 HDFS，并从 NameNode 和 DataNode 中获取数据，将数据返回给用户，多个业务和实例一起运行。这里所说的 Client 并不是指实际的用户应用，而是 HDFS 本身自带的进程，通过该进程可以访问 HDFS，相当于 HDFS 是一间房，Client 提供了进入的门，Client 提供的接口主要有 Java 数据库连接（Java Database Connectivity，JDBC）和开放数据库连接（Open Database Connectivity，ODBC）接口。Client 建议部署在图 3-5 所示 HDFS 设计架构的任意节点上。

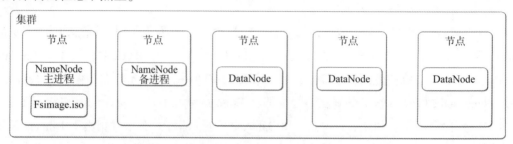

图 3-5　HDFS 设计架构

# 3.3　HDFS 设计

上一节介绍了 HDFS 的应用场景和设计架构，本节将介绍 HDFS 底层的设计，以便读者深入理解 HDFS 的设计特点。

## 3.3.1　HDFS——HA

无论是上传数据到 HDFS，还是查看 HDFS 的内容，都需要经过 NameNode 服务的同意才可以进行下一步操作，因此 NameNode 服务的可用性就显得格外重要。假如 NameNode 服务发生故障，HDFS 文件系统还可以正常工作吗？答案是肯定的，这就需要引入 HA 来解决这个问题。

HDFS 为了达成 HA，设计了 ZKFC、JN（JournalNode）等组件，如图 3-6 所示。由于 HDFS 认为硬件总是不可靠的，所以为了保证自身业务的正常执行和数据的安全性，需要有对应的保护机制来保证整体业务的运行。在 HA 中，提供的主要是进程的安全性保障。

（1）Zookeeper。分布式协调进程，用来存储 HA 下的状态文件、主备信息，Zookeeper 建议为 3 个或 3 个以上，且为奇数。Zookeeper 进程主要提供对 NameNode 进程的保护，这里的保护其实是用于裁决 NameNode 的主备状态，并且存储 NameNode 的状态信息。

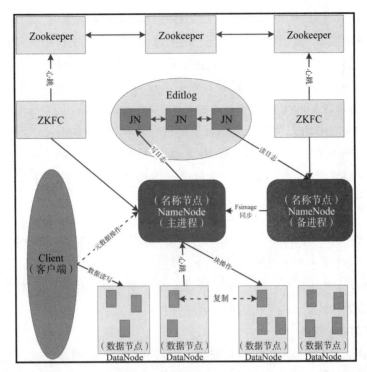

图 3-6　HDFS——HA

（2）NameNode。在主备模式中，主节点提供服务，备节点合并元数据并作为主节点的热备。NameNode 为了能够保护自身的可靠性，维护元数据和业务的持续运行，设计了两个进程，一个进程用于正常提供业务，另一个进程作为备进程。备进程并不是冷备，而是处于热备状态，一旦进程出现故障，那么备进程可以立即收到消息，然后切换状态。

（3）ZKFC。用于控制在故障时 NameNode 的主备状态。该进程的作用是为了保障当主 NameNode 出现故障的时候可以及时进行故障切换，将业务切换到备 NameNode 中运行，保障业务的连续性，所以 ZKFC 需要及时检测主备 NameNode 的状态，并且将心跳信息及时上报给 Zookeeper。ZKFC 进程和 NameNode 进程一样多，并且需要和 NameNode 部署在一起。

（4）JN。用于共享 NameNode 生成的 Editlog 文件。Editlog 文件是对 HDFS 操作的日志文件，这些信息并未写入 Fsimage 的元数据镜像文件中，所以需要进行持久化，保障整体的元数据镜像在 HDFS 进程重启的时候可以正常加载。

1. ZKFC 控制 NameNode 主备仲裁

ZKFC 作为一个精简的仲裁代理，其利用 Zookeeper 的分布式锁功能，实现主备仲裁，再通过命令通道，控制 NameNode 的主备状态。ZKFC 与 NameNode 部署在一起，两者个数相同。

2. 采用共享存储同步日志

主 NameNode 对外提供服务，同时对元数据的修改采用写日志的方式写入共享存储，并修改内存中的元数据。备 NameNode 周期读取共享存储中的日志，并生成新的元数据文件，持久化到硬盘，同时回传给主 NameNode。

NameNode 在执行由 HDFS 提交的创建文件或移动文件的请求时，会首先记录 Editlog，然后更新文件系统镜像(由于 Editlog 中记录的对于元数据镜像文件的操作在内存中，所以当出现故障的时候，主 NameNode 的数据就会丢失，如果没有及时进行持久化操作，那么就会导致元数据部分丢失，这个时候需要根据 Editlog 中记录的操作来恢复元数据，此时需要用到 JN 进程来做 Editlog 的同步)。内存中的文件系统镜像用于 NameNode 向 Client 提供服务，而 Editlog 用于在发生故障的情况下，进行故障转移(Failover)。记录在 Editlog 中的每一个操作又称一个事务，使用事务 ID 来作为编号。因此，JN 进程一共有两个作用：一个是进行元数据的持久化操作，另一个是在主 NameNode 出现故障时同步 Editlog。

### 3.3.2 HDFS——数据保护

对于一份非常重要的图片，我们不会只保留一份，可能会将其保存到手机、计算机、U 盘甚至各种网盘上，这样就不用担心图片丢失。

HDFS 当然也会考虑这个问题，为了尽可能保证上传到 HDFS 的数据不丢失，可以利用 HDFS 的数据保护机制，以下为 HDFS 数据保护机制的实现方式。

1. HDFS 数据保护机制

在 HDFS 中，为了保证数据的绝对安全，默认会存储 3 份副本数据，所以和源数据一起，一个数据会被存储 4 份，A 数据和 B 数据在一个服务器内的时候，距离为 0；存储 A 数据和 B 数据的服务器在同一机架内的时候，距离为 2；存储 A 数据和 B 数据的服务器不在同一机架内的时候，距离为 4。

由于 HDFS 认为硬件总是不可靠的，所以其需要负责进程和数据的可靠性保证，HA 提供的是进程的可靠性保证。然而，对于数据的可靠性保证，目前业界主要采用两种保护机制：一种是磁盘阵列技术(Redundant Arrays of Independent Disks，RAID)技术，另一种是副本机制。RAID 技术主要通过 RAID 卡进行操作保护，一旦 RAID 卡损坏，就会导致 RAID 组全部数据失效。HDFS 认为硬件不可靠，所以数据的保护机制并不使用 RAID 技术，而是交给自身的软件进行保护，即使用副本机制进行保护。这样一来，当某一个节点出现故障后，就可以直接使用其他副本的数据，避免了像 RAID 中出现降级重构或预复制而导致的性能影响问题。HDFS 数据保护机制如图 3-7 所示。

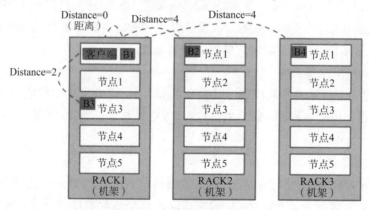

图 3-7　HDFS 数据保护机制

**2. HDFS 文件系统副本存放流程**

第一份副本会存储在和源数据同一位置的服务器上，所以距离为 0；第二份副本随机存储，可存储在除源数据服务器以外的任意位置；第三份副本通过检测，查看两份副本是否在同一个机架上，如果是，则选择存储在不同机架上，否则选择存储在和副本相同机架的不同节点上；第四份副本随机选择位置。HDFS 默认是三副本机制，也可以设置多副本。副本的位置前 3 份必须满足距离为 0、2、4 的需求，从第四份以及第四份后的副本，可以随机选取位置。选择的副本数量越多，数据越安全，但是占用的空间越大。

**3. HDFS 元数据持久化**

进行 HDFS 操作时，数据都是存储在内存中的。在对操作进行记录的时候，一方面记录了 Editlog 文件，另一方面记录了 Fsimage 文件。Fsimage 文件是在内存中维护的，因此关机之后，当前正在使用的、内存中的 Fsimage 文件就会丢失，此时服务器中存储的 Fsimage 文件就是上一次开机时加载的文件。从时效性上来说，当下一次开机时，加载旧的 Fsimage 文件之后，元数据处于不可用状态。因为元数据和数据的状态不一致，所以在开机进行加载时就需要通过 Editlog 来对元数据进行进一步的恢复性加载。这需要耗费过长的时间，从而影响了整体进程的加载速度，HDFS 通过元数据持久化来解决上述问题。HDFS 元数据持久化如图 3-8 所示。

HDFS 元数据持久化流程如下。

(1)首先，备节点会下发一个请求到主节点，之后主节点会生成一个临时文件 Editlog. new(一个新文件，不包含原 Editlog 文件中的任何信息)继续使用，并将原先的 Editlog 和 Fsimage 文件发送到备节点中，由于 Editlog 是实时进行修改的，所以在 Editlog 文件进行写入的时候无法发送，因为文件处于一个写入状态，在这个步骤中，必须要创建一个 Editlog. new 文件来记录临时操作，将原先的 Editlog 文件发送到备端进行合并和读取。

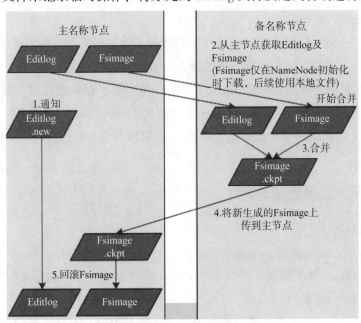

图 3-8 HDFS 元数据持久化

Editlog 文件是在 JN 进程中进行共享的，一旦备 NameNode 进行读写操作，这时如果主 NameNode 对 Editlog 进行读写操作，就会显示文件被占用的状态。为了解决这个问题，需要创建一个 Editlog.new 文件，来保障主 NameNode 可以正常执行业务，并且备 NameNode 也可以正常进行读写操作。

（2）备节点会将 Editlog 和 Fsimage 两个文件进行合并，生成一个名为 Fsimage.ckpt 的文件，并将该文件发送给主端。

根据 Editlog 中显示的用户对元数据的更改操作，按照时间顺序进行元数据文件的更改。这些更改操作是基于 Editlog 中记录的操作时间戳和分配的事务 ID 执行的，生成的文件被称为 CheckPoint（检查点）文件。检查点指的是在该时间点之前的数据都被视为正常和正确，可以被持久化到硬件存储中以进行记录和保存。

在检查点之后的数据被认为是不可靠的，主要体现在其存储位置，例如可能在内存中或处于执行中或未完成状态等。只有在执行完毕，执行的事务没有出现异常，数据、元数据和日志都有明确的更改记录，并且存储在可靠的位置时，才能够将数据持久化。这些数据被划分在检查点内，以确保数据的一致性和可靠性。检查点机制有助于维护文件系统的完整性和可用性。

（3）主节点在收到 Fsimage.ckpt 文件之后，会用这个文件将原先的 Fsimage 文件进行回滚。由于合成的 Fsimage 文件最终都需要提供给主 NameNode 使用，所以需要将文件发送回主 NameNode 中。当检查点文件发送到主 NameNode 之后，将 Fsimage 和 Fsimage.ckpt 文件进行合并。合并涉及的操作称为回滚，可以将其理解为覆盖。Fsimage.ckpt 将自身文件覆盖回 Fsimage，如果数据发生了变化，那么 Fsimage.ckpt 文件就会进行正常的覆盖操作；如果数据未改变，那么 Fsimage.ckpt 文件就直接跳过覆盖。这个新更改过的文件最终会被持久化到磁盘中进行存储。

（4）最终，主节点将 Editlog.new 更名为 Editlog。Editlog 文件的作用是记录其和元数据镜像文件的差异。在进行元数据持久化之后，旧的 Editlog 文件和回滚后的 Fsimage 文件中的元数据已经信息同步，所以旧的 Editlog 文件已经失去了存在的意义。这时直接删除旧的 Editlog 文件，并将在元数据持久化过程中创建的 Editlog.new 文件重命名为 Editlog。此时新的 Editlog 文件记录的差异就是从上一次元数据持久化开始到下一次同步开始的这个周期内的改变。

### 3.3.3　HDFS 数据读写流程

1. HDFS 数据写入流程

HDFS 数据写入流程如图 3-9 所示。

（1）首先，Client 请求写入一个文件，Client 通过自身的 DistributedFileSystem 进程向 NameNode 发起 RPC 请求。

这里所说的 Client 并不是指客户的应用程序，而是 HDFS 本身自带的进程，该进程提供了对外的访问接口和对内的其他组件之间的交互接口。RPC 是一种通过网络从远程计算

---

机程序上请求服务，而不需要了解底层网络技术的协议。

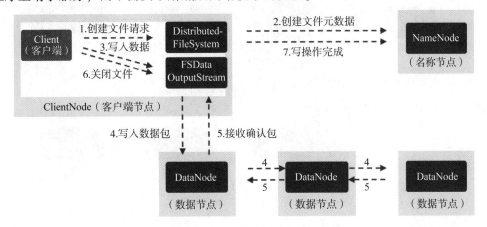

图3-9　HDFS数据写入流程

（2）收到RPC请求之后，NameNode会在自己的NameSpace中创建一个文件信息。该过程的主要作用就是创建元数据，如果执行的是改写操作，那么元数据本身就存在于NameNode上，这时就不需要执行相关的创建操作了；如果是新写入数据，那么就需要执行创建元数据的操作。创建元数据主要的作用是分配写空间。

（3）NameNode创建完元数据之后，DistributedFileSystem会在Client本地返回一个FSDataOutputStream进程。元数据创建完成之后，ClientNode提供一个接口用于连接DataNode并且进行相关的数据写入操作，这个时候使用的就是流式数据导入进程。FSDataOutputStream提供的依然是一个访问接口，但是数据在进行写入时是通过流式写入的。写入数据的时候依然需要调用接口。

（4）业务会在本地调用write API，将数据写入Client进程。

（5）Client收到数据之后，会将数据通过FSDataOutputStream进程包装为DFSOutputStream，并和需要写入数据的DataNode建立流水线。然后Client通过自有协议，按照从DistributedFileSystem获取到的数据写入的数据块编号和位置信息（相当于元数据创建时分配的写空间），写入数据到DataNode1，再由DataNode1复制到DataNode2、DataNode3（创建数据副本机制，数据副本机制是节点之间的数据传输，相当于在进行实际的数据写入时，Client只写了一份数据，其他副本数据是由DataNode之间进行复制和传输的）。

（6）数据在写入成功之后，将会由DataNode向Client返回确认信息。

（7）所有数据确认完成后，文件写入成功，业务调用HDFS Client关闭文件的写入进程。

（8）业务调用close()方法关闭进程，Flush后HDFS Client联系NameNode，确认数据写完成，NameNode更新元数据。

2. HDFS数据读取流程

HDFS数据读取流程如图3-10所示。

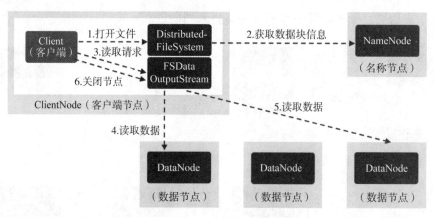

图 3-10　HDFS 数据读取流程

（1）客户端请求读取文件，Client 通过自身的 DistributedFileSystem 进程向 NameNode 发起 RPC 请求。

（2）HDFS Client 联系 NameNode，获取到文件信息（数据块编号、DataNode 位置信息）。

（3）业务应用调用 read API 读取文件。DistributedFileSystem 通过对 NameNode 发出 RPC 请求，确定要读取文件的 Block 的位置。

（4）HDFS Client 根据从 NameNode 获取到的信息（Client 采用就近原则读取数据），由 FSDataInputStream 包装为 DFSInputStream，用来与 DataNode 和 NameNode 的 I/O 通信。

（5）HDFS Client 会与多个 DataNode 通信获取数据块。数据读取完成后，业务应用调用 close()方法关闭连接。

根据数据的读取进程，可以关注如下几个问题：第一个是在进行数据读取的时候依然通过流式数据访问进程进行读操作，这里体现了 HDFS 的流式访问，也体现了 HDFS 的高吞吐量的特点；第二个是关于数据副本机制的问题，数据副本机制可以理解为一个数据的多个副本没有主备关系，实际在进行数据读取的时候，Client 会选择读取就近的 DataNode 上的数据，这样可以极大降低数据传输对于网络的影响；第三个是在进行数据读取的时候，不仅是读一个副本的数据，各个副本都会进行数据的读取传输，这样可以提升整体的数据传输效率，减少读取消耗的时间。

## 3.4　HDFS 高级特性

HDFS 高级特性包括一系列机制和策略，旨在提高 HDFS 的可靠性、性能和灵活性。这些 HDFS 高级特性共同为大规模数据管理提供了更强大的工具和保障，确保数据的完整性、可用性和性能。它们是 Hadoop 生态系统的重要组成部分，为用户提供了更多的控制和可扩展性，以适应不同的数据需求和应用场景。

### 3.4.1　HDFS 元数据持久化健壮机制

#### 1. 重建失效数据盘的副本机制

DataNode 和 NameNode 之间需要通过心跳机制来保证数据状态，由 NameNode 来决定

DataNode 是否需要上报完整性，如果 DataNode 由于损坏无法进行完整性上报，那么 Name-Node 就认为 DataNode 已经失效，并且发起恢复重建进程以恢复丢失的数据。

这里首先需要明确一个概念，心跳其实并没有按照心跳信息的形式去发送。虽然 NameNode 和 DataNode 之间是通过心跳机制来保障数据状态的，但是它们之间发送的并不是心跳报文，而是周期性上报数据完整性报文，因此 NameNode 一旦收到了数据完整性报文，就等同于收到了心跳报文。两个报文其实是整合为一个报文进行发送的，如果 NameNode 没有收到周期性发送的数据完整性报文，也就相当于 DataNode 出现了故障。

2. 数据均衡机制

集群数据均衡主要通过数据均衡机制保证各个节点中的数据量基本均衡，保证各节点整体的利用率基本相同，不会因为某一个节点承载了过多的任务而导致压力过大。数据均衡机制如图 3-11 所示。

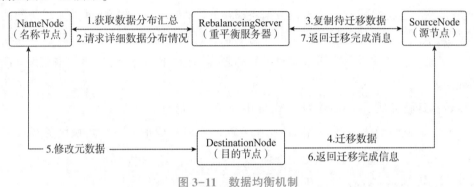

图 3-11　数据均衡机制

这里所说的集群数据均衡，主要是通过两个形式来保证的。第一个，在数据写入的时候，通过三副本机制，进行一次数据的均衡操作，在写入数据之前，首先会获取节点的综合负载，根据负载的情况选择当前最小负载的设备，从而将数据写入。这样做理论上能够保证数据的均衡，但是会有一种情况导致不均衡状态的出现。第二个，在节点扩容时，新添加的节点内没有任何数据，这导致了不均衡状态的出现，为了解决这个问题，需要借助均衡服务进行相关信息的收集和评估，然后根据评估结果执行数据迁移操作，以实现数据的均衡分布。这个过程需要系统自动监控和调整，以确保数据在集群中的均匀分布。

（1）均衡服务要求 NameNode 获取 DataNode 数据分布汇总情况。

由于 NameNode 本身需要周期性地获取 DataNode 的数据完整性信息，因此 NameNode 可以根据自身的机制从 DataNode 上获取数据的分布情况。一方面，NameNode 从 DataNode 上获取了数据的分布情况；另一方面，NameNode 也根据该信息对元素据进行维护更新。另外，DataNode 上报的信息相当于心跳信息，其告知了 NameNode 自身数据的完整性。RebalancingServer 可以直接向 NameNode 获取该信息，而无须通过自身获取、汇总，从而减少了进程执行的开销。

（2）均衡服务查询到待均衡的节点后，向 NameNode 请求对应数据的分布情况。

均衡服务会根据 NameNode 上报的数据分布情况，决定哪些节点需要进行数据的均衡操作，然后根据分析的情况向 NameNode 请求获取详细的数据分布情况，之后根据 Name-Node 反馈回来的详细的数据分布情况，RebalancingServer 会制订策略，指定哪些数据块需要进行迁移操作，然后开始下发迁移的请求。

(3)每迁移一个数据块，均衡服务都需要复制这个数据块进行备份。

迁移相当于剪切，也可以理解为移动。在迁移的过程中，为了保证数据的安全性，RebalancingServer 需要对迁移中的数据进行保护。迁移中的数据会由 RebalancingServer 进行备份。相当于除了迁移操作，RebalancingServer 还会对每一个迁移的数据进行一次复制，一旦数据迁移完成，备份的数据块就会从 RebalancingServer 中删除。

(4)从源节点向目的节点复制数据。

在数据均衡过程中，需要考虑一个问题，即迁移对网络的影响。由于迁移是跨设备的操作，而且设备与设备之间是通过网络进行连接的，因此在进行数据块迁移的时候，需要注意网络带宽对迁移的影响。由于在数据块迁移的过程中，一部分数据是无法访问的，因此需要在业务空窗期对其进行迁移。而空窗期是有时间控制的，如果要保障在空窗期内将数据迁移完成，就必须考虑网络带宽对迁移的影响(迁移的数据量/迁移的空窗期=迁移的网络带宽)。

(5)数据迁移完成后，修改 NameNode 中的元数据信息。

(6)向源端返回确认消息，当向迁移服务返回均衡完成消息后，均衡服务释放复制的数据。

### 3.4.2　HDFS 联邦

Federation 支持上层应用使用多个独立的、基于 NameNode/NameSpace 的文件系统。这些 NameNode 之间相互独立且不需要互相协调，各自分工管理自己的区域。一个 NameSpace 使用一个 BlockPool 管理数据块，每个 BlockPool 内部自治，不会与其他 BlockPool 交流。同时，Federation 中存在多个名字空间，可以使用 ClientSideMountTable 对名字空间进行划分和管理。

Federation 支持 NameNode/NameSpace 水平扩展，后向兼容，其结构简单。文件操作的性能不再制约于单个 NameNode 的吞吐量，支持多个 NameNode。

HDFS 联邦层次图如图 3-12 所示。在 HDFS 联邦中，不同的名字空间(NameSpace)可以拥有自己的文件系统、分区和其他配置项，并通过相互之间的通信来共同管理和存储数据。

具体来说，图中的 4 个名字空间分别表示为 NameSpace A、NameSpace B、NameSpace C 和 NameSpace D。其中，NameSpace A 负责管理 HDFS B 中的文件系统和分区，而 NameSpace C 则负责管理 HDFS D 中的分区和文件系统。这种分层结构使数据的一致性、安全性和可扩展性得到保障，同时满足了分布式计算和大规模数据处理的需求。

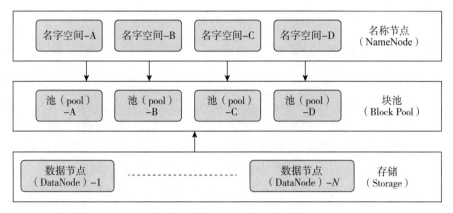

图 3-12　HDFS 联邦层次图

（1）NameSpace(NS)。名字空间，包含目录、文件和块。

（2）Pool。联邦中有多个独立的 NameSpace，并且每一个 NameSpace 使用一个块池（BlockPool）。BlockPool 是属于单个 NameSpace 的一组 Block(块)，每一个 DataNode 为所有的 BlockPool 存储块。DataNode 是一个物理概念，而 BlockPool 是一个重新将 Block 划分的逻辑概念。同一个 DataNode 中可以包含属于多个 BlockPool 的多个块。BlockPool 允许一个 NameSpace 在不通知其他 NameSpace 的情况下为一个新的 Block 创建 Block ID。同时，一个 NameNode 失效不会影响其下的 DataNode 为其他 NameNode 服务。

图 3-13 所示是 HDFS 联邦结构图。在此图中，名字空间(NameSpace)是该系统中的一个关键元素，它负责管理整个文件系统的数据和目录结构。在这个例子中，名字空间与进程之间使用管道通信。

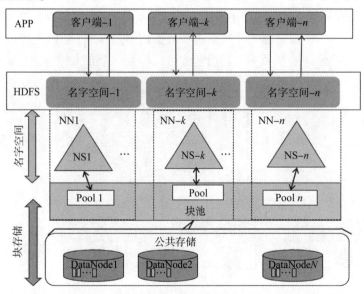

图 3-13　HDFS 联邦结构图

另一个关键元素是 Common Storage，它负责数据的存储和管理。在这个分布式系统中，Common Storage 位于名字空间和进程之间，为它们提供数据存储和共享的功能。这种设计可以支持高效的数据处理和高可用性，因为数据可以在不同的节点之间进行复制和备份，以避免单点故障。

### 3.4.3 HDFS 数据存储策略

#### 1. 标签存储

用户通过数据特征配置 HDFS 数据存储策略，即为一个 HDFS 目录设置一个标签表达式，每个 DataNode 可以对应一个或多个标签。当基于标签的数据存储策略为指定目录下的文件选择 DataNode 进行存放时，根据文件的标签表达式选择将要存放的 DataNode 范围，然后在这个 DataNode 范围内，遵守下一个指定的数据存储策略进行存放。

HDFS NameNode 自动选择 DataNode 保存数据的副本。在实际业务中，存在以下场景。

（1）DataNode 上存在不同的存储设备，数据需要选择一台合适的存储设备分级存储数据。

（2）DataNode 不同目录中的数据重要程度不同，数据需要根据目录标签选择一个合适的 DataNode 保存。

（3）DataNode 集群使用了异构服务器，关键数据需要保存在具有高度可靠性的节点组中。

数据存储策略可以广泛应用于各种业务，就像存储中使用的分级存储一样，HDFS 可以提供一个级别很高的存储策略，用于做不同业务的数据保证，如图 3-14 所示。例如，在一个视频网站上新上架一部电视剧，那么该网站的访问量会变得很大，这个时候就可以将数据存放在内存虚拟硬盘或固态硬盘(Solid State Disk，SSD)中，电视剧播放完后，该网站的访问量就会逐渐减小，这个时候就可以将数据存放在串行连接 SCSI(Serial Attached SCSI，SAS)硬盘中，以后还可以将数据存放在串口(Serial ATA，SATA)硬盘中或进行归档。HDFS 的数据存储策略和以上存储策略比较类似，但是 HDFS 存放数据涉及的根据访问量迁移的情况不多，主要是在一开始就进行数据的相关存放，如关键业务数据可以存放在访问速度快、可靠性高的介质中，普通业务可以提供一个正常的保护策略。

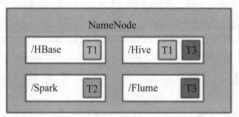

NameNode名称节点
DataNode数据节点

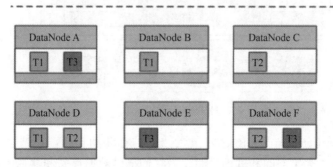

图3-14 数据存储策略

## 2. 强制机架组存储约束

配置 DataNode 使用节点组存储，关键数据根据实际业务需要保存在具有高度可靠性的节点中，此时 DataNode 组成了异构集群。通过修改 DataNode 的存储策略，系统可以将数据强制保存在指定的节点组中。

节点组存储和标签存储最大的不同主要体现在以下几个方面。

（1）节点组存储是由 DataNode 执行的，标签存储是由 NameNode 执行的。

（2）节点组存储的作用对象是副本数据，控制的源是第一份数据。标签存储的作用对象是第一份数据的写入，控制的源是元数据中的目录标签。

（3）节点组存储保证的是数据的可靠性，标签存储不仅保障数据的可靠性，还保障数据的安全性和可用性，所以标签存储的控制范围要比节点组存储的控制范围大。

在使用约束之前，首先需要配置约束，为数据副本指定强制机架组。第一份副本将从强制机架组（机架组2）中选出，如果在强制机架组中没有可用节点，则写入失败。所以第一份副本是做强制保护的，必须保障写入成功。第二份副本将从本地客户端机器或机架组中的随机节点中（当客户端机器机架组不为强制机架组时）选出。

强制机架组只会存放一份副本数据，所以当节点需要创建副本的时候，首先将数据写入强制机架组，当数据写第二份副本的时候，需要检查节点所属的机架组是否是强制机架组，如果是，那么根据强制机架组只存放一份副本的强制策略，就不能再把数据写入本机架组了，这个时候就需要随机选择机架组写入。如果节点所属的机架组不是强制机架组，那么就正常进行写入，第一份数据——强制机架组、第二份数据——本地设备或本地机架组、第三份副本将从其他机架组中选出。各副本应存放在不同的机架组中。

如果所需副本的数量大于可用的机架组数量，则会将多出的副本存放在随机机架组中。

图 3-15 所示是一个强制机架组存储示例。File1、File2 和 File3 代表存储在机架组的数据，这些数据分散存储在各个服务器中。由于机架组 2 被配置为强制机架组，因此所有这些数据都会在机架组 2 中保存一份副本，以提高数据的冗余和容错性。这意味着无论服务器位于哪个机架组，都会在机架组 2 中找到一份数据副本，以增加数据的可用性和可靠性。这种数据存储策略有助于确保在发生硬件故障或机架级故障时，数据仍然可访问。

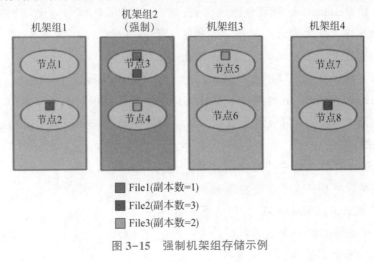

图 3-15　强制机架组存储示例

## 3.5 本章小结

本章首先介绍了基本的文件系统组成，并以 Windows 和 Linux 操作系统为例，阐述了文件系统的相关概念。然后对 HDFS 的概念及应用场景进行了介绍，分析了 HDFS 的设计架构原理、数据流及关键特性。学完本章内容，读者需要掌握 HDFS 的整体架构组成、读写数据流程及其访问操作，并能够大致了解 HDFS 中存在的问题及其解决方案，如 HDFS 的 NameNode 的单点故障问题可以使用高可用方案进行解决等。

### 习 题

**一、选择题**

1. HDFS 的元数据持久化触发的条件是什么？（　　）

A. Editlog 满 64 MB　　　　　　　　　　B. Editlog 满 128 MB

C. 时间距上次持久化 30 min　　　　　　D. 时间距上次持久化 60 min

2. ZKFC 进程部署在 HDFS 中的以下哪个节点上？（　　）

A. Active NameNode　　　　　　　　　B. Standby NameNode

C. DataNode　　　　　　　　　　　　　D. 以上全部不正确

3. 在 HDFS 中，数据块的复制通常是(　　)。

A. 1　　　　　　　　　　　　　　　　　B. 2

C. 3　　　　　　　　　　　　　　　　　D. 可以配置，通常是 3

4. (多选)在 HDFS 中，文件的读取操作通常包括以下哪些步骤(　　)？

A. Client 请求 NameNode 获取数据块位置，然后直接从 DataNode 读取数据

B. Client 请求 NameNode 获取数据块位置，然后从 DataNode 读取数据，将数据块缓存到本地磁盘

C. Client 直接从 DataNode 读取数据，不需要与 NameNode 通信

D. Client 请求 DataNode 获取数据块位置，然后直接从 DataNode 读取数据

5. 在 HDFS 中，文件的写入操作通常包括以下哪些步骤？（　　）

A. Client 将整个文件一次性写入 DataNode

B. Client 将数据写入本地磁盘缓存，然后上传到 DataNode

C. Client 请求 NameNode 创建一个空白文件，然后将数据写入

D. Client 请求 NameNode 获取数据块位置，然后将数据分块写入 DataNode

**二、简答题**

1. 简述 Linux 操作系统中的虚拟文件系统。

2. HDFS 有何特点？主要应用在哪些场景中？

3. 什么是元数据？NameNode 如何实现元数据持久化？

4. HDFS 采用哪些机制来保证数据的安全性？

5. 简述 HDFS 数据读取和写入流程。

# 第4章 分布式协调系统与非关系数据库

从技术层面考虑，网络上数据的种类有很多，如文字、图片、视频。那么，网络上的这些不同种类的数据的存放方式相同吗？我们通过上一章的学习，已经知道了Hadoop组件可以存放海量的数据。那么，是否所有的数据都适合存放到Hadoop中呢？

答案是否定的。Hadoop不适合小文件的存储，其注重的是吞吐量，但是对速度要求并不高。假如通过网页搜索内容，需要等待3 s才能获得结果，大部分人是无法接受的，我们会认为网站技术落后，所以有些网络的数据并不适合存放在Hadoop中。那么，其适合存放到哪里呢？这就是本章所要介绍的内容。

分布式协调系统与非关系数据库的核心是解决快速访问的问题，并且可以存放多种数据，不限于结构化数据。本章将介绍Zookeeper概述、Zookeeper关键特性、Zookeeper协调、HBase概述与设计架构、HBase读写流程，以及HBase高级特性等。

## 4.1 引 言

在3.3.1小节中提到HA的核心是实时同步两个NameNode元数据，那么如何做实时同步？如何监控有新的元数据需要同步？要解决上述问题，就需要用到Zookeeper。事实上，Zookeeper就是分布式协调系统，它能够帮助解决很多大数据组件的协调问题，使用场景非常广泛。

Zookeeper的分布式服务框架主要用来解决分布式应用中经常遇到的数据管理问题。Zookeeper提供分布式、高可用性的协调服务能力，在Hadoop集群中的主要用途是保存上层组件的元数据，并保证其主备倒换。Zookeeper所在架构位置如图4-1所示。

1. Zookeeper 的功能

（1）配置管理。

（2）名字服务。

（3）分布式锁。

（4）集群管理。

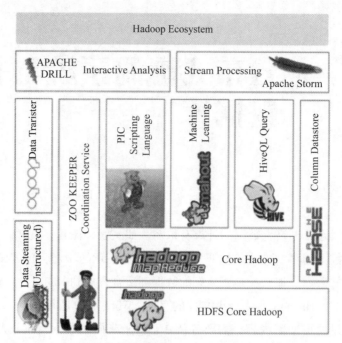

图 4-1　Zookeeper 所在架构位置

2. Zookeeper 协调性

Zookeeper 协调性解决了很多大数据组件数据同步的问题，如 HDFS 中的 HA 方案，YARN 中的 HA 方案。HBase 强依赖 Zookeeper，方便保存 HRegionServer 的心跳信息和其他关键信息。Flume 负载均衡，单点故障也使用 Zookeeper 来协调。

3. Zookeeper 框架

Zookeeper 集群由一组 Server 节点组成，该组 Server 节点中存在一个角色为 Leader 的节点，其他节点都为 Follower。当 Client 连接到 Zookeeper 集群，并且执行写请求时，这些请求会被发送到 Leader 节点上，然后 Leader 节点上的数据变更会同步到集群中其他的 Follower 节点上。

Leader 节点在接收到数据变更请求后，首先将变更的数据写入本地磁盘，以做恢复之用。只有当所有的写请求持久化到磁盘以后，才会将变更的数据应用到内存中。

Zookeeper 使用了一种自定义的 Zookeeper 原子消息（Zookeeper Atomic Broadcas，ZAB）协议，在消息层的这种原子特性，保证了整个协调系统中的节点数据或状态的一致性。Follower 节点基于这种消息协议，能够保证本地的 Zookeeper 数据与 Leader 节点同步，然后基于本地的存储来独立地对外提供服务。

当一个 Leader 节点发生故障失效时，失效故障可以被快速响应，消息层负责重新选择一个 Leader 节点，继续作为协调服务集群的中心，处理客户端写请求，并将 Zookeeper 协调系统的数据变更同步（广播）到其他 Follower 节点。Zookeeper 架构如图 4-2 所示。

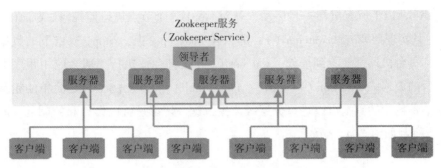

图4-2　Zookeeper 架构

**4. Zookeeper 节点数据和会话管理**

每个节点(Znode)中存储的是同步相关的数据，如状态信息、配置内容、位置信息等。这是 Zookeeper 设计的初衷，数据量很小，大概为 B~KB 级。

一个 Znode 维护了一个状态结构，该结构包括版本号、ACL 变更、时间戳。每次 Znode 数据发生变化，版本号都会递增，这样客户端的读请求可以基于版本号来检索状态相关数据。

每个 Znode 都有一个 ACL，用来限制是否可以访问该 Znode。在一个名字空间中，对 Znode 上存储的数据执行读和写请求操作都是原子的。客户端可以在一个 Znode 上设置一个监视器(Watch)，如果该 Znode 上的数据发生变更，Zookeeper 会通知客户端，从而触发监视器中实现的逻辑的执行。每个客户端与 Zookeeper 连接，便建立了一次会话(Session)，会话过程中，可能发生 CONNECTING、CONNECTED 和 CLOSED 3 种状态。

Zookeeper 支持临时节点(EphemeralNodes)的概念，它是与 Zookeeper 中的会话相关的，如果连接断开，则该节点被删除。若非操作人员删除，则永久节点会永久保存，所以永久节点可以用来保存元数据，而临时节点可用来进行 Leader 选举及锁服务等。Zookeeper 树状结构如图4-3 所示。

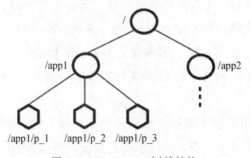

图4-3　**Zookeeper 树状结构**

**5. Zookeeper 主流场景**

集中式的配置管理在应用集群中是非常常见的，一般商业公司内部都会实现一套集中的配置管理中心，以满足不同的应用集群对于共享各自配置的需求，并且在配置变更时能够通知到集群中的每一台机器。

Zookeeper 很容易实现这种集中式的配置管理。例如，将 APP1 的所有配置配置到/

app1 节点下，APP1 所有机器一旦启动，就对/app1 这个节点进行监控[zk. exist("/app1", true)]，并且实现回调方法 watcher ( )，那么在 Zookeeper 上，/app1 节点下的数据发生变化的时候，每台机器都会收到通知，watcher ( )方法将会被执行，那么应用程序可以随后获取更新后的数据[zk. getData("/app1"，false，null)]。以上例子只是简单的粗颗粒度配置监控，细颗粒度的数据可以进行分层级监控，这一切都是可以设计和控制的。Zookeeper Watch 监听机制如图 4-4 所示。

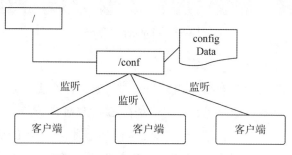

图 4-4　Zookeeper Watch 监听机制

在应用集群中，通常需要实时监测每台机器的状态，以确保集群中的机器正常运行，或者在机器宕机、网络断连等情况下迅速通知其他机器，而无须手动干预。

## 4.2　Zookeeper 关键特性

### 4.2.1　Zookeeper 容灾

一般情况下，Zookeeper 能够完成选举，即能够正常对外提供服务。Zookeeper 选举时，当某一个实例获得了半数以上的票数时，该实例就变为 Leader。

对于 $n$ 个实例的服务，$n$ 可能为奇数或偶数。当 $n$ 为奇数时，假定 $n=2x+1$，则成为 Leader 的节点需获得 $x+1$ 票，容灾能力为 $x$；当 $n$ 为偶数时，假定 $n=2x+2$，则成为 Leader 的节点需要获得 $x+2$ 票(大于一半)，容灾能力为 $x$。由此可见，$2x+1$ 个节点与 $2x+2$ 个节点的容灾能力相同，而考虑到选举以及完成写操作的速度与节点数的相关性，建议 Zookeeper 部署奇数个节点。

Zookeeper 的选举使用举手表决制，谁获得的票超过半数谁就获胜。这个机制不仅用于选举，也用于内部的各种业务中，所以节点的数量对于业务的执行是很重要的。

例如，现在有 3 个节点 A、B、C，A 如果要成为组长，只需要得到 B 或 C 中的一票就可以获胜。这个时候如果 B 或 C 损坏，对于 A 来说都是没有影响的，因为损坏的节点可以理解为弃权，只要 A 获取剩下节点的票数仍然可以当选，没有影响到现有业务的正常运行。但是如果有 4 个节点 A、B、C、D，那么 A 如果想要成为组长，它就必须得到 B、C、D 中的两票才行。这个时候如果 D 损坏了，那么 A 仍然需要得到 B、C 的两票即可，业务正常运行。但是如果 C 也损坏了，那么当 A 得到自己和 B 的两票之后，票数没有超过半数，业务无法正常运行了。因此，在 4 个节点情况下，最多可以损坏一个节点。

如果现在有 5 个节点 A、B、C、D、E，原理同上，为了保证半数以上的节点能够存活，最多可以允许两个节点损坏。

综上所述，当节点数是 3 和 4 的时候，都只能允许损坏一个节点，容灾能力是相同的；当节点数为 5 的时候，容灾能力+1，所以建议尽量部署奇数个节点，这样对于容灾能力和数据的读写速度来说，都有更好的提升。

### 4.2.2 Zookeeper 特性

Zookeeper 在大数据架构中无处不在。Zookeeper 的特性在一定程度上决定了其他大数据组件的服务性能，如高可用性等。Zookeeper 具有如下特性。

(1) 最终一致性。为客户端展示同一个视图。

(2) 实时性。保证客户端在一个时间间隔范围内获得服务器的更新信息，或者服务器失效的信息。

(3) 可靠性。如果消息被一台服务器接收，它将被所有服务器接收。

(4) 原子性。更新只能成功或者失败，没有中间状态。

(5) 顺序一致性。客户端所发送的更新会按照它们被发送的顺序进行应用。

### 4.2.3 Zookeeper 读流程

由 Zookeeper 的最终一致性可知，客户端无论连接哪台服务器，获取的均是同一个视图。因此，读操作可以在客户端与任意节点间完成。Zookeeper 读流程如图 4-5 所示。

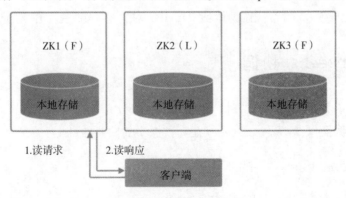

图 4-5 Zookeeper 读流程

### 4.2.4 Zookeeper 写流程

同读请求一样，客户端可以向任意服务器提出写请求。服务器将这一请求发送给 Leader 节点。Leader 节点获取写请求后，会向所有节点发送这条写请求信息，询问是否能够执行这次写操作。

Follower 节点根据自身情况给出反馈信息——ACK 应答消息，Leader 节点根据反馈信息，若获取到的、可以执行写操作的数量大于实例总数的一半，则认为本次写操作可执行。

Leader 节点将结果反馈给各 Follower 节点，并完成写操作，各 Follower 节点同步 Leader 节点的数据，本次写操作完成。Zookeeper 写流程如图 4-6 所示。

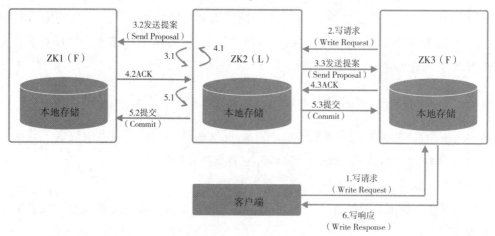

图 4-6　Zookeeper 写流程

### 4.2.5　Zookeeper ACL

ACL 可以控制访问 Zookeeper 节点，只能应用于特定 Znode 上，而不能应用于该 Znode 所有子节点上。设置 ACL 的命令为 setAcl/Znodescheme：id：perm。

其中，scheme 为认证方式，Zookeeper 内置了 4 种认证方式：world，一个单独的 ID，表示任何人都可以访问；auth，不使用 ID，只有认证的用户可以访问；digest，使用 user-name:password 生成 MD5 哈希值作为认证 ID；IP，使用客户端主机 IP 地址来进行认证。

## 4.3　Zookeeper 协调

上一节介绍了 Zookeeper 关键特性、Zookeeper 读写流程的特点，本节将介绍 Zookeeper 与各个组件的协调操作，彰显 Zookeeper 在大数据中的重要性。

### 4.3.1　Zookeeper——HDFS 协调

Zookeeper——HDFS 协调如图 4-7 所示。ZKFC 作为一个 Zookeeper 集群的客户端，用来监控 NameNode 的状态信息。ZKFC 进程仅在部署了 NameNode 的节点中存在。HDFS NameNode 的 Active 和 Standby 节点均部署有 ZKFC 进程。

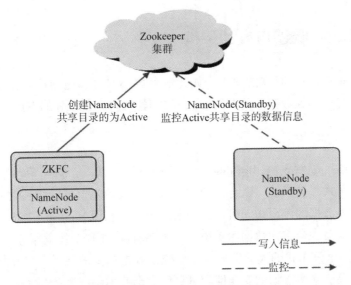

图 4-7 Zookeeper——HDFS 协调

### 4.3.2 Zookeeper——HBase 协调

Zookeeper——HBase 协调如图 4-8 所示。HHRegionServer 把自己以 Ephemeral 方式注册到 Zookeeper 中。其中 Zookeeper 存储 HBase 的如下信息：HBase 元数据、HMaster 地址。

HMaster 通过 Zookeeper 随时感知各个 HHRegionServer 的健康状况，以便进行控制管理。

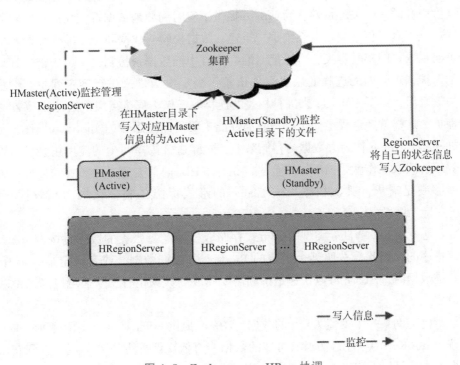

图 4-8 Zookeeper——HBase 协调

## 4.4　HBase 概述与设计架构

为了解决 Hadoop 自身存在的缺点，如无法存放小文件、访问速度较慢、适合存放结构化的数据等，可以用大数据中的 HBase 列式数据库弥补 Hadoop 的不足。

### 4.4.1　HBase 概述

HBase 基于 Google 发表的 BigTable 论文设计开发，是一个高可靠性、高性能、面向列、可伸缩的分布式存储系统，适合存储大表数据，表的规模可以达到数十亿行以及数百万列，并且对大表数据的读写访问可以达到实时级别。利用 Hadoop HDFS 作为其文件存储系统，提供实时读写的分布式数据库系统，利用 Zookeeper 作为协同服务。

HBase 作为一个分布式的大数据数据库系统，首先提供的就是高可靠性。由于在大数据系统中，需要保证整体数据的安全性和可靠性，因此 HBase 也提供了自身所需的相关的安全性保障。

首先，HBase 借助外部组件(如 HDFS)将自己的文件写入 HDFS，这借助的是 HDFS 的数据安全性保障，保证了其数据的可靠性存储。并且主备集群之间的容灾能力可以增强 HBase 数据的高可用性，主集群提供数据服务，备集群提供数据备份，当主集群出现故障时，备集群可以提供数据服务。这里 HBase 通过主备的形式来进行数据的安全性保障，实际上是借鉴了存储中主备容灾的相关思想，可以通过存储设备来实现应用级别的容灾保护，也可以通过 HBase 的进程来实现相关的容灾性能。HBase 集群容灾作为提高 HBase 集群系统高可用性的一个关键特性，为 HBase 提供了实时的异地数据容灾功能。它对外提供了基础的运维工具，包含灾备关系维护、重建、数据校验、数据同步、进展查看等功能。

为了实现数据的实时容灾，可以把 HBase 集群中的数据备份到另一个集群。针对应用和数据的保护，组架内的进程底层次组件依赖于高层次组件来进行容灾保护。例如，在 Region 失效之后，需要 HMaster 来进行相关的迁移等操作，那么高层次组件依赖 Zookeeper 来进行保护。这样就在进程上做了保护。高性能主要是面向用户的实际读取操作，和其他相关组件一样，HBase 作为大数据的存储系统，同样适合读多写少的应用场景，所以如何实现高效率的读取操作就是 HBase 需要做的工作。HBase 首先通过分布式的集群保证了整体性能能够满足需求，其次根据 Key-Value 的形式保障了整体读取的高效性，另外，HBase 还支持二级索引。

HBase 是一个 Key-Value 类型的分布式存储数据库。每张表的数据是按照 RowKey 的字典顺序排序的，因此当按照某个指定的 RowKey 去查询数据，或者指定某一个 RowKey 范围去扫描数据时，HBase 可以快速定位到需要读取的数据位置，从而可以高效地获取到所需的数据。

例如，要查询某一个列值为×××的数据，HBase 提供 Filter 特性去支持这种查询，它的原理是按照 RowKey 的顺序遍历所有可能的数据，再依次匹配那一列的值，直到获取到所需的数据为止。可以看出，为了获取某一列的数据，HBase 扫描了很多不必要的数据。因此，如果这样的查询非常频繁并且查询性能要求较高，那么使用 Filter 特性就无法满足这个需求。传统的数据索引都是通过 Key 值进行的，可以根据自己所关注的相关列，对其创建一张二级索引表，在进行数据索引的时候，可以直接根据二级索引表来查找匹配的数据，而不用根据 RowKey 的值遍历数据进行查找。

传统数据库采用面向行的存储，建立表格时都是预先定义好列，然后逐行添加数据信息，因此拓展性很差，不能完全适应大数据的相关处理。Hbase 采用面向列的存储，底层是按照列的形式来维护数据，可以进行实际的存储操作，也可以进行属性拓展。面向行的存储多用于实际的业务操作，因为在业务中，添加信息都是按照行存储的思维来进行的，即一次性添加一行信息。面向列的存储主要用于数据分析和数据挖掘，主要关注某一个属性对于分析结果的影响。例如，要讨论年龄对于购买电子产品的一个相关关联性，其关注点就是年龄属性和是否会购买电子产品的结果，而对于其他属性不会有更多的关注。面向行的存储，一次可以完整地读取出所有信息，但是在进行数据分析或用户在进行条目读取时，就会多读取一部分数据。面向列的存储，适合关注点很明确的数据请求，但是如果需要完整地读取出某一个数据，就必须下发多次数据读取请求。

### 1. HBase 应用场景

HBase 适合如下需求的应用：海量数据（TB、PB 级别），高吞吐量，需要很好的性能伸缩能力，需要在海量数据中实现高效的随机读取，能够同时处理结构化和非结构化数据，不需要完全拥有传统关系数据库所具备的 ACID 特性。

HBase 所在架构位置如图 4-9 所示。可以看到 HBase 位于架构的中心位置，它依赖于 HDFS 分布式文件系统来存储 HBase 表中的数据，并依赖于 Zookeeper 分布式协调服务来存储 HBase 的元数据。

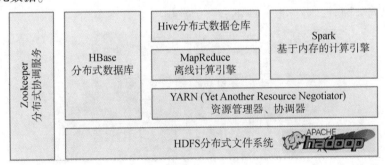

图 4-9　HBase 所在架构位置

### 2. 什么是 ACID

ACID 是数据库事务正常执行的 4 个特性，分别指原子性、一致性、独立性及持久性。

（1）原子性（Atomicity）：指一个事务要么全部执行，要么不执行，即一个事务不可能只执行一半就停止。例如，从取款机取钱，这个事务可以分成两个步骤：划卡、出钱，这两步必须同时完成。

（2）一致性（Consistency）：指事务的运行并不会改变数据库中数据的一致性。例如，完整性约束了 a+b=10，一个事务改变了 a，那么 b 也应该随之改变。

（3）独立性（Isolation）：又称隔离性，是指两个以上的事务不会出现交错执行的状态，因为这样可能会导致数据不一致。

（4）持久性（Durability）：指事务执行成功以后，该事务对数据库所做的更改会持久保存在数据库之中，不会无缘无故回滚。

3. 数据库的数据结构

不同数据库存放的数据结构不同，有结构化数据、非结构化数据以及半结构化数据。

（1）结构化数据：指具有固定的结构、属性划分，以及类型等信息。关系数据库中所存储的数据信息大多是结构化数据，如职工信息表中包含 ID、Name、Phone、Address 等属性信息，它们可以直接存放在数据库表中。数据记录的每一个属性对应数据表的一个字段。

（2）非结构化数据：指无法用统一的结构来表示的数据，如文本文件、图像、视频、声音、网页等信息。数据较小时（如 KB 级），可考虑直接存放到数据库表中（整条记录映射到某一列中），这样有利于整条记录的快速检索。数据较大时，通常考虑直接存放在文件系统中。数据库可用来存放相关数据的索引信息。

（3）半结构化数据：指具有一定的结构，但又有一定的可变性的数据，如 XML、HTML 等数据。半结构化数据其实也是非结构化数据的一种，可以考虑直接转换成结构化数据进行存储。根据数据的大小和特点，选择合适的存储方式，这与非结构化数据的存储方式类似。

4. 行存储和列存储

（1）行存储。

行存储是指数据按行存储在底层文件系统中。通常每一行会被分配固定的空间。行存储结构如图 4-10 所示。

优点：有利于增加/修改整行记录等操作，有利于整行数据的读取操作。

缺点：单列查询时，会读取一些不必要的数据。

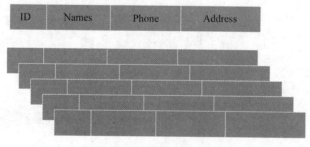

图 4-10　行存储结构

（2）列存储。

列存储是指数据以列为单位，存储在底层文件系统中。

优点：有利于面向单列数据的读取/统计等操作。

缺点：整行读取时，可能需要多次 I/O 操作。

## 4.4.2　HBase 设计架构

1. HBase 架构

HBase 框架结构如图 4-11 所示，包括两个核心组件：HMaster 和 HRegionServer。HMaster 是 HBase 集群中的主控制节点，负责整个集群的管理和协调；HRegionServer 是

HBase 集群中的数据存储节点，它们承载了 HBase 表的实际数据。

（1）HMaster。

在 HA 模式下，HBase 架构包含主 Master 和备 Master。主 Master 负责 HBase 中 HRegion-Server 的管理，包括表的增删改查，HRegionServer 的负载均衡，Region 分布调整，Region 分裂以及分裂后的 Region 分配，HRegionServer 失效后的 Region 迁移等。当主 Master 故障时，备 Master 将取代主 Master 对外提供服务。故障恢复后，原主 Master 降级为备 Master。

（2）HRegionServer。

HRegionServer 负责提供表数据读写等服务，是 HBase 的数据处理和计算单元。HRegionServer 一般与 HDFS 集群的 DataNode 部署在一起，实现数据的存储功能。

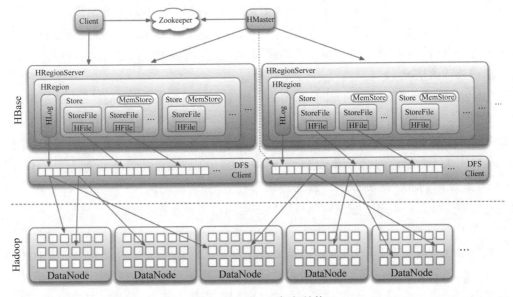

图 4-11　HBase 框架结构

**2. HBase 协作组件**

HBase 协作组件主要包括 Zookeeper 和 HDFS。

（1）Zookeeper。

Zookeeper 为 HBase 集群中各进程提供分布式协作服务。各 HRegionServer 将自己的信息注册到 Zookeeper 中，主 Master 据此感知各个 HRegionServer 的健康状态。

Zookeeper 提供的是分布式的协作服务，所谓协作服务，主要体现在进程安全性和数据查询两个方面。进程安全性是指由 Zookeeper 保证整体进程运行的安全。Zookeeper 主要做两件事：第一件事是在 HBase 进程启动之初，裁决主备 HMaster 进程，决定由哪一个进程来提供服务，而另外一个进程进入热备状态；第二件事是做 HBase 的 MetaRegion 进程的同步工作。由于整体 HBase 维护的时候都是维护一个整体名字空间，所以在实际进行数据读写操作时，如果按照动态子树的思想进行数据的查询，也就是将元数据信息分布到各个节点进行维护，可能会导致读写延迟增加，造成数据库修改低效。毕竟在数据库中，对于用户业务或对延迟有要求的业务来说，延迟增加是一个致命的问题。因此，为了保证整体查询的高效性，需要元数据被整体维护，而不是对其做切分维护。可以选择将元数据存放

在 Zookeeper 上，因为 Zookeeper 本身不仅能提供高可靠性的数据安全保证，而且在进行元数据查询等操作的时候可以提供一个高效的、多进程并发的查询环境。

（2）HDFS。

HDFS 为 HBase 提供高可靠的文件存储服务，HBase 的数据全部存储在 HDFS 中。在 HDFS 中，NameNode 的备用节点处于工作状态，并且会执行元数据持久化的操作，但是在 HBase 中，备 HMaster 是没有承担任何工作的，只处于一个简单的热备状态。和以往的逐层管理的模型不同的是，HMaster 作为最高层的管理进程，除了负责 HRegionServer 的管理，还对底层的 Region 进行管理。由于 HBase 认为 HRegionServer 并不安全，因此其将 Region 的管理放在了自身进行维护。主要原因是 HRegionServer 作为 Region 的管理是没有备份进程存在的，一旦 HRegionServer 出现了故障，那么底层的 Region 就无法进行访问。而 HMaster 将 Region 放在自身进行维护之后，一旦 HRegionServer 出现了故障，就可以直接将 Region 进程进行迁移操作，并且将对应的读写权限交给其他 HRegionServer，这种情况只限进程出现故障的情况。

HRegionServer 需要负责的是对 Region 的读写，它类似于 DataNode，只有使用权限，没有管理权限。由于 HRegionServer 本身在设计时就没有管理权限，所以对于 HRegionServer 来说，其实际上并没有服务管理的含义，只有核心处理的功能，相当于每次用户提交了关于数据库的读写请求之后，HRegionServer 只做了相关的处理操作。HRegionServer 接受用户请求，解析命令，将其转化为相应的读写操作，并与 Zookeeper 和 Region 协调执行相关任务。最终，它整合执行结果并返回给用户查看。

### 3. 为什么不将元数据 Region 存放在 HMaster

这个问题涉及整个 Hadoop 设计的核心，也就是如何保证进程的安全性。在前面章节已经解释过，对于 Hadoop 来说，其认为硬件永远不可靠，所以它在保证自身安全性和稳定性时不会使用任何硬件技术，需要通过自身机制来达到可靠性保护的目的。目前，Hadoop 主要使用的方法就是分层保护，即在一个组件内，底层进程由高层进程保护，高层进程由 Zookeeper 保护，Zookeeper 由自身机制提供高容错性和高可靠性保护。例如，在 HBase 中，HRegionServer 的安全性由 HMaster 保护，HMaster 的安全性由 Zookeeper 保护。元数据作为 HBase 中重要的数据信息，为了能够提供一个高效的读写访问，HBase 是将元数据文件加载进内存中进行读写的，但是这样做一旦出现问题就会导致数据丢失（数据库的持久化问题）。如果将元数据加载进 HMaster 进程中进行访问，主备进程本身其实具有保护数据的条件，但是实际上由于备进程处于不使用状态，所以仅仅只有一个进程维护和管理元数据是存在安全隐患的，需要一个安全的、存在数据多副本的机制来进行相关的保护，这个时候就会用到 Zookeeper 了。Zookeeper 不仅可以提供数据的安全性保证，而且进程是存在副本机制的，所以可以把元数据写入 Zookeeper 中进行保护。

### 4. HDFS 为 HBase 提供高可靠的文件存储服务

实际上，可以发现在 HBase 中，很多关于保护的相关操作都是由外部组件来实现的，HBase 实现了一个非常良好的组件的直接协同交互，这样可以保证相同的功能不会在组件之间产生冗余的情况。因此，HBase 对数据的保护其实都是由 HDFS 来实现的，可以理解为是由 HDFS 的数据多副本机制来实现的。

**5. HBase 框架结构——HMaster**

HMaster 进程有主备角色。集群可以配置两个 HMaster 角色，当集群启动时，这些 HMaster 角色通过竞争获得主 HMaster 角色。主 HMaster 只能有一个，备 HMaster 在集群运行期间处于休眠状态，不干涉任何集群事务。主备 HMaster 的裁决交由 Zookeeper 决定。

底层进程的安全性交由上层进程实现，所以 HMaster 的第一个作用就是保证底层进程的安全。HMaster 主要创建和注册 HRegionServer 的信息，保证 HRegionServer 的合法性，并且监控 HRegionServer 的健康状况，一旦 HMaster 检测到 HRegionServer 出现了故障，这个时候就需要进行故障的迁移。因此，HRegionServer 只涉及对 Region 的操作，对于实际的数据维护等操作都不执行，所以在 HRegionServer 出现故障之后，HMaster 在做故障转移时无须对数据进行迁移，只需要将 Zookeeper 中的元数据路由信息更改，将对应的路由指针改向迁移后的目标 HRegionServer 即可。这样就可以实现快速、可靠的故障迁移。

除了对 HRegionServer 进行管理，对于 Region 的数据操作和维护也是由 HMaster 来做的。Region 的元数据由 Zookeeper 维护和管理，Region 的数据和操作由 HMaster 管理，而 HRegionServer 只负责读写等动作的执行。HMaster 负责 HRegionServer 在故障情况下的 Region 迁移操作（包括对 Region 的创建、分配），那么首先就需要拥有对 Region 的管理权限。在维护 Region 的时候，为了保证不会出现某些节点的压力过大的问题，HMaster 还需要做负载均衡的操作，以保证整体集群的压力基本均衡。HMaster 需要对 Region 做对应的工作分配，将 HRegionServer 维护 Region 的压力和开销均衡到每一个节点。另外，在 HRegionServer 出现故障之后，需要做对应的故障迁移。

**6. HBase 框架结构——HRegionServer**

HRegionServer 是 HBase 的数据服务进程，负责处理用户数据的读写请求。Region 交由 HRegionServer 管理。实际上，所有用户数据的读写请求都是和 HRegionServer 上的 Region 进行交互，Region 可以在 HRegionServer 之间发生转移。

HRegionServer 结构如图 4-12 所示，每个 Region 都分配给一个特定的 HRegionServer 来处理。HRegionServer 负责在内存中缓存和管理 Region 的数据。

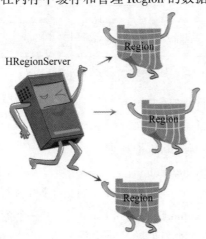

图 4-12　**HRegionServer** 结构

当客户端发出对特定 RowKey 的读写请求时，HRegionServer 会根据 RowKey 范围将请求路由到相应的 Region 进行处理。

如果表中的数据量较大，可以拆分（Split）Region，使其分布在不同的 HRegionServer 上，以实现数据的均衡分布和横向扩展。

7. HBase 框架结构——Region

数据库中实际记录的就是一个个的表格，因为表的规模比较大，所以在进行存储的时候，整表的维护对于数据的快速查找就会产生相应的问题。但是如果逐条对数据进行维护，相应的维护开销又会很大。所以将一张完整的表划分为多个分区进行维护，每一个分区就称为一个 Region，按照 Region 进行分区可以保证对数据的较好维护。

将一张数据表按 Key 值范围横向划分为多张子表，实现分布式存储。这张子表，在 HBase 中被称作 Region。每一个 Region 都关联一个 Key 值范围，即一个使用 StartKey 和 EndKey 描述的区间。事实上，每一个 Region 只需记录 StartKey 就可以了，因为它的 EndKey 就是下一个 Region 的 StartKey。

Region 是 HBase 分布式存储的最基本单元，其数据结构如图 4-13 所示。这里需要说明的是，对于 Region 的操作实际上分为两部分，即数据操作和元数据操作。一般来说，将数据的操作引擎和元数据放在一起，但是在 HBase 中没有这么做，具体原因前面已经说明。用户如果想要对 Region 进行读写，那么首先需要向 Zookeeper 查询元数据，之后由 HRegionServer 来执行具体的读写操作。Region 分为元数据 Region 以及用户 Region 两类。MetaRegion 记录了每一个 User Region 的路由信息。用户 Region 相当于数据，路由其实指的是对数据存储的路径信息和其他相关的属性信息。由于 Zookeeper 维护 MetaRegion，因此元数据在整合起来之后，如何根据元数据的信息查找到数据的位置就需要进行详细的区分，这时候 MetaRegion 中记录的地址信息就被称为路由信息，通过 MetaRegion 中的路由信息进行寻址就可以找到对应数据的存储位置。存储位置主要有以下几部分：机架号、节点号、具体的存储逻辑位置。

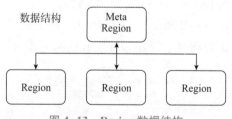

图 4-13　Region 数据结构

读写 Region 数据的路由包括如下两步。

（1）找寻 MetaRegion 地址。

（2）由 MetaRegion 找寻 User Region 地址。

8. HBase 数据结构——ColumnFamily

一张表在水平方向上由一个或多个 ColumnFamily（列簇）组成。一个 ColumnFamily 可以由任意多个 Column 组成。Column 是 ColumnFamily 下的一个标签，可以在写入数据时任意添加，因此 ColumnFamily 支持动态扩展，无须预先定义 Column 的数量和类型。HBase 中表的列非常稀疏，不同行、列的个数和类型都可以不同。和传统的行存储相比，列存储更适合用于数据分析，而且在大数据的环境下，需要随时对列进行相关的操作，例如拓展和缩减。这个时候如果按照传统的行存储形式来进行相关的结构设计，就会出现无法拓展的情况，因为行存储的一大典型特点就是需要在创建表的时候预先定义好列的结构，所以这个时候必须要做的就是对列进行模块化操作。而通过列簇的模块化设计，可以实现对列的相关操作，保证整体数据的拓展和属性维度的灵活调动。在列簇下，还设计了列这一层的概念，相当于多个列构成了一个列簇，具体原因和 Region 是一样的。对于大型的数据库，列维度也是很多的，这个时候如果针对每一个列都去进行维护，那么就和针对行的维护一样会产生很大的开销，所以把行存储和列存储做一个层次的对应，即行对应列。

Region 对应 ColumnFamily 的层次。实际情况中，一个 Region 会包含多个 ColumnFamily，同样，多个 Region 也会拥有相同的 ColumeFamily。ColumnFamily 是 Region 的一个物理存储单元。同一个 Region 下面的多个 ColumnFamily 位于不同的路径下。ColumnFamily 信息是表级别的配置。也就是说，同一张表的多个 Region 都拥有相同的 ColumnFamily 信息。

图 4-14 所示为 Region 与 Table(表)的关系。在 HBase 中，数据存储以目录的形式在 HDFS 上进行组织，而 HBase 表的数据按不同的 Column Family(列簇)进行分类存储。

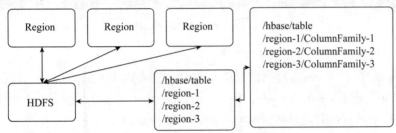

图 4-14 **Region 与 Table 的关系**

### 9. HBase 数据结构——Key-Value

和传统的数据库或文件系统不同的是，HBase 中的 Key-Value 是一起存储的，通过字段的形式一起以数据的类型存储到实际的存储空间中。Key-Value 分为 3 个部分，第一部分是 Key 值的长度和 Value 值的长度，第二部分是 Key 值的具体字段(行键值长度、行键值、列簇长度、列簇值、时间戳、Key 类型)，第三部分是实际的 Value 数据 Key 值里面的行键值、列簇值，以及时间戳。行键值、列簇值和时间戳就是数据查询的 3 个重要字段，又称三维有序存储。

(1)RowKey(行主键)。HBase 只能用 RowKey 或一个 RowKey 范围(即扫描，Scan)来查找数据，所以 RowKey 的设计至关重要，关系到应用层的查询效率。RowKey 是以字典顺序排序的，存储的是字节码，因此字典排序规则对其生效。例如，有两个 RowKey，RowKey1：aaa222，RowKey2：bbb111，那么 RowKey1 排在 RowKey2 前面，因为按字典顺序排列，a 排在 b 前面，如果 RowKey2 的第一位也是 a，那么就根据第二位来比较，如果第二位也相同，则比较第三位，以此类推。在使用范围查询(即扫描)时，通常会指定一个起始 RowKey(startRowKey)，查询的是大于或等于这个 RowKey 的数据。如果需要查询以"d"开头的数据，只传递 startRowKey 为"d"。通过设定 EndRowKey 为：d 开头，后面的根据 RowKey 组合来设定。

(2)ColumnKey。数据按 RowKey 排序后，如果 RowKey 相同，则根据 ColumnKey 来排序，这也是按字典排序。

在设计 Table 的时候要学会利用这一点。例如收件箱有时需要按主题排序,那就可以把主题设计为 ColumnKey,即设计为"ColumnFamily+主题"。

(3)TimesTamp(时间戳)。数据是按降序排列的,即最新的数据排在最前面。

Key-Value 具有特定的结构,如图 4-15 所示。Key 部分用来快速检索一条数据记录,Value 部分用来存储实际的用户数据信息。Key-Value 作为承载用户数据的基本单元,需要保存一些对自身的描述信息,如时间戳、类型等,这势必会有一定的结构化空间开销。

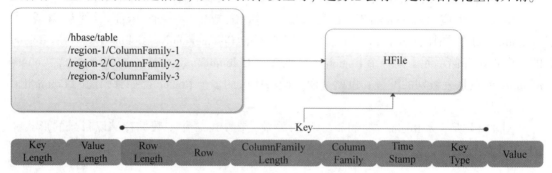

图 4-15 **Key-Value 的结构**

10. HBase 数据结构及 Region 层级结构

对于 HBase 来说,一张表按照横向进行划分,都由物理上的 Column 进行存储,任意个 Column 之间构成了 ColumnFamily,由于 ColumnFamily 的基本单位是表,所以基于表横向创建的多个 Region 就会拥有相同的 ColumnFamily 信息。

Key 值划定了 Region,之后出现了 Key-Value。在底层存储时,数据都是按照 Key-Value 进行组织和维护的,用户可以通过 Key 值进行快捷地访问和查找。

数据存放 HBase 的结构如图 4-16 所示,HBase 以一种高度结构化的方式存储数据,所有的信息都通过 RowKey、ColumnFamily 和 Column 这 3 个要素来进行指定和存储,以 Key-Value 的形式进行存储。

|  | ColumnFamily | | | ColumnFamily | | |
|---|---|---|---|---|---|---|
|  | Column | Column | Column | Column | Column | Column |
| Region1-Startkey | Key-Value | Key-Value | Key-Value | Key-Value | Key-Value | Key-Value |
|  | Key-Value | Key-Value | Key-Value | Key-Value | Key-Value | Key-Value |
|  | Key-Value | Key-Value | Key-Value | Key-Value | Key-Value | Key-Value |
|  | Key-Value | Key-Value | Key-Value | Key-Value | Key-Value | Key-Value |
|  | Key-Value | Key-Value | Key-Value | Key-Value | Key-Value | Key-Value |
|  | Key-Value | Key-Value | Key-Value | Key-Value | Key-Value | Key-Value |
|  | Key-Value | Key-Value | Key-Value | Key-Value | Key-Value | Key-Value |
| Region2-Startkey | Key-Value | Key-Value | Key-Value | Key-Value | Key-Value | Key-Value |
|  | Key-Value | Key-Value | Key-Value | Key-Value | Key-Value | Key-Value |
|  | Key-Value | Key-Value | Key-Value | Key-Value | Key-Value | Key-Value |
|  | Key-Value | Key-Value | Key-Value | Key-Value | Key-Value | Key-Value |
|  | Key-Value | Key-Value | Key-Value | Key-Value | Key-Value | Key-Value |
|  | Key-Value | Key-Value | Key-Value | Key-Value | Key-Value | Key-Value |

图 4-16 **数据存放 HBase 的结构**

Region 层级结构如图 4-17 所示。

(1)Store(列簇存储)。一个 Region 由一个或多个 Store 组成,每个 Store 对应图 4-16 中的一个 ColumnFamily。

(2)MemStore(内存存储)。一个 Store 包含一个 MemStore,MemStore 用来缓存客户端向 Region 插入的数据。当 HRegionServer 中的 MemStore 大小达到配置的容量上限时,HRegionServer 会将 MemStore 中的数据 Flush 到 HDFS 中。

（3）StoreFile（存储文件）。MemStore 的数据 Flush 到 HDFS 后成为 StoreFile。随着数据的插入，一个 Store 会产生多个 StoreFile。

（4）HFile（HBase 文件）。HFile 定义了 StoreFile 在文件系统中的存储格式，它是当前 HBase 系统中 StoreFile 的具体实现。

（5）HLog（日志文件）。HLog 保证了当 HRegionServer 故障的情况下用户写入的数据不丢失，HRegionServer 的多个 Region 共享一个相同的 HLog。

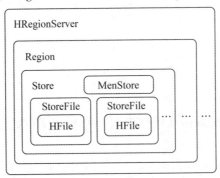

图 4-17 Region 层级结构

# 4.5 HBase 读写流程

## 4.5.1 HBase 写流程

在具体的读写请求中，首先需要做的就是查找元数据，通过元数据可以寻找到相关数据具体的存储节点和存储位置。这一步作为提供接口的进程，Client 受理客户的请求，将读写请求转发给 Zookeeper，然后进行相关的操作。写操作又分新写和读改写两种操作：如果是新写，那么需要向 Zookeeper 申请写空间，创建一个元数据；如果是读改写，那么进行的是查询和改写操作，不需要申请写空间。HBase 写流程如图 4-18 所示。

在向 Zookeeper 查询到元数据之后，需要做的就是向 HRegionServer 发送请求，通过 HRegionServer 进行具体相关的操作。

HRegionServer 会在转发请求之前获取对应位置的权限，权限主要分为读/写锁。在进行写操作的时候，由于 HBase 属于数据库，所以要获取到对应的读锁和写锁，读锁的获取是为了保证其他进程数据的更新，写锁的获取是为了保障数据的 ACID 特性不被破坏。在获取到读/写锁之后，进程还需要获取写操作对应的行锁，获取到行锁之后，数据就会被先行写入内存进行缓存。写完成之后先释放行锁，然后释放写操作日志，最终释放 Region 锁即对应的读/写锁。

数据先行写入内存的原因是：HBase 提供了一个多版本并发控制（Multi-Version Concurrency Control，MVCC）机制，来保障写阶段的数据可见性。先写 MemStore 再写预写式日志（Write Ahead Log，WAL），是为了在某些特殊场景下，内存中的数据能够更及时地可见。如果写 WAL 失败，MemStore 中的数据会被回滚。数据先行写入内存可以避免多

Region 情形下带来的过多的分散 I/O 操作。

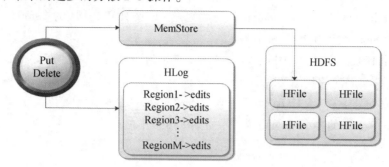

图 4-18　HBase 写流程

### 4.5.2　刷新写操作

刷新操作(Flush)会触发数据从内存中写入对应的 HFile，如下 3 种场景会触发一个 Region 的 Flush 操作。

(1)该 Region 的 MemStore 总大小达到了预设的阈值。这种场景下的 Flush 操作通常仅瞬间堵塞用户的写操作。但如果该 Region 的 MemStore 总大小大幅度超出预设阈值，也可能会引起一小段时间的堵塞。

(2)HRegionServer 的总内存大小超出了预设的阈值。这种场景下，在总内存没有降低到预设的阈值以下之前，可能会较长时间堵塞。

(3)WAL(Write Ahead Log，预写式日志)的数量超过了特定的阈值。WAL 用于解决宕机后的操作恢复问题。数据在到达 Region 之前首先写入 WAL，然后再写入 Memstore。随着 WAL 数量的增加，MemStore 中未持久化到磁盘的数据也增多。如果 HRegionServer 发生故障，恢复所需的时间会显著增加。因此，有必要在 WAL 数量达到一定阈值时执行 Flush 操作。

1. 多 HFile 影响

随着时间的不断迁移，HFile 文件数目越来越多，读取时延也越来越大，如图 4-19 所示。

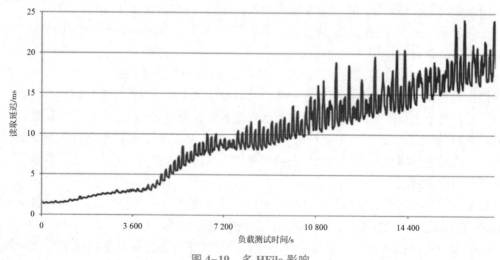

图 4-19　多 HFile 影响

**2. Compaction 压缩**

Compaction 的主要目的是减少同一个 Region、同一个 ColumnFamily 下的小文件数目，从而提升读取的性能。

Compaction 分为 Minor、Major 两类。

（1）Minor。小范围的 Compaction，有最少和最大文件数目限制。通常会选择一些连续时间范围的小文件进行合并。

（2）Major。涉及该 Region 和 ColumnFamily 下的所有的 HFile 文件。

**3. Split 分裂操作**

普通的 RegionSplit 操作，是指集群运行期间，某一个 Region 的数据大小超出了预设的阈值，这时需要将该 Region 自动分裂成两个子 Region。

分裂过程中，被分裂的 Region 会暂停读写服务。由于在分裂过程中，父 Region 的数据文件并不会真正分裂并重写到两个子 Region 中，而是通过在新 Region 中创建引用文件的方式来实现快速的分裂。因此，Region 暂停续写服务的时间会比较短。

客户端所缓存的父 Region 的路由信息需要被更新。这里指的更新，就相当于重新创建两个新的逻辑 Region，这两个新的 Region 没有存储数据，存储的只是原有数据映射，即将旧的 Region 数据添加了一个映射到自身，数据本身还是存储在原先的 Region 中。当新的写请求下达时，数据就会写到新的 Region 中。

## 4.5.3　HBase 读流程

**1. 精确查询**

精确查询的步骤如下。

（1）客户端发起请求。

（2）通过 Zookeeper 寻找到 Meta 表所在的 HRegionServer。

（3）Meta 表中记载着各个 UserRegion 信息（RowKey 范围，所在 HRegionServer），通过 RowKey 查找 Meta 表，获取所要读取的 Region 所在的 HRegionServer。

（4）请求发送到该 HRegionServer，由其具体处理数据读取。

（5）数据读取返回到客户端。

**2. Scanner**

Scanner 可以理解为一个栈，一个 Store 里面有 MenStore 和 HFile，当执行查询的时候，就会打开 MenStore 的栈和各个 HFile 的栈。然后从各个栈中逐个取出一条数据，进行排序。接下来，next 操作返回排序后的第一个数据，然后继续从相应的栈中取出数据，继续排序操作。这个过程可以看作一个栈中的数据逐渐被弹出并进行排序的过程。

在找到 RowKey 所对应的 HRegionServer 和 Region 之后，需要打开一个查找器 Scanner，由其具体执行查找数据，Region 中会包含内存数据 MemStore 和文件数据 HFiles，那么在打开查找器的时候就需要分别读取这两个数据，打开对应不同的 Scanner 做查询操作。

**3. BloomFilter**

BloomFilter 被用来优化一些随机读取的场景，即 Get 场景。它可以被用来快速判断一个用户数据在一个大的数据集合（该数据集合的大部分数据都无法被加载到内存中）中是否存在。

BloomFilter 在判断一个数据是否存在时，拥有一定的误判率。但对于"用户数据××××不存在"的判断结果是可信的。HBase 的 BloomFilter 的相关数据被保存在 HFile 中。

# 4.6　HBase 高级特性

二级索引为 HBase 提供了按照某些列的值进行索引的能力。二级索引就是把要查找的列与 RowKey 关联成一张索引表。此时该列成为新的 RowKey，原 RowKey 成为 Value，其实是查询了两次。

例如，没有二级索引时，要查找手机号 68×××的记录，就必须按照 RowKey 做全表扫描，逐行匹配 Mobile 字段，时延很大。有二级索引时，先查索引表，再定位到数据表中的位置，不用做全表扫描，时延小。HBase 提供了 Filter 特性去支持这样的查询，它的原理是：按照 RowKey 的顺序去遍历所有可能的数据，再依次去匹配那一列的值，直到获取到所需要的数据。可以看出，为了获取一行数据，它却扫描了很多不必要的数据。因此，如果这样的查询非常频繁并且查询性能要求较高，那么使用 Filter 就无法满足这个需求。

在 Hadoop 生态系统中，无论是 HDFS，还是 HBase，在面对海量文件的存储时，在某些场景下都会存在一些很难解决的问题。如果把海量小文件直接保存在 HDFS 中，则会给 NameNode 带来极大的压力。由于 HBase 接口以及内部机制的原因，一些较大的文件也不适合直接保存到 HBase 中。HBase 文件存储模块(HBase File Stream，HFS)是 HBase 的独立模块，它作为对 HBase 与 HDFS 接口的封装，应用在 FusionInsight HD 的上层应用，为上层应用提供文件的存储、读取、删除等功能。

# 4.7　本章小结

本章首先介绍了 Zookeeper 分布式协调系统，介绍了 Zookeeper 的关键特性及其与多个大数据组件的协调性，然后介绍了 HBase 的设计架构，HBase 与 Zookeeper、HDFS 的关系。学完本章内容，读者应该掌握 HBase 的整体架构组成、读写数据流程及其访问操作，并能够大致了解 HBase 中存在的问题及其解决方案，如 HBase 的 HMaster 的单点故障问题可以使用高可用方案进行解决等。

 习　题

一、选择题

1. 当 Zookeeper 集群的节点数为 5 个节点时，集群的容灾能力和多少节点是等价的？
(　　)

A. 3　　　　　　　　B. 4　　　　　　　　C. 6　　　　　　　　D. 以上都不正确

2. 以下关于 Zookeeper 的特性描述，错误的是(　　)。

A. 客户端所发送的更新会按照它们被发送的顺序进行应用

B. 一条消息要被超过半数的服务器接收，它将可以成功写入磁盘

C. 消息更新只能成功或失败，没有中间状态

D. Zookeeper 的节点数必须为奇数

3. HBase 集群定时执行 Compaction 的目的是(　　)。

A. 减少同一 Region、同一 ColumnFamily 下的文件数目

B. 提升数据读取性能

C. 减少同一 ColumnFamily 的文件数据

D. 减少同一 Region 的文件数目

4. HBase 中 Region 的物理存储单元是(　　)。

A. Region                            B. ColumnFamily

C. Column                            D. Row

5. (多选)HBase 不适合哪些数据类型的应用?(　　)

A. 少量数据                          B. 海量数据

C. 高吞吐率                          D. 同时处理结构化和非结构化数据

## 二、简答题

1. HBase 中的数据以什么形式存储?

2. HBase 的最小存储单元是什么?

3. 简述 ACID 特性。

4. 简述 HBase 的读写流程。

5. 查阅资料，总结 HBase 中建立二级索引的方式除本书所介绍之外还有哪些。

# 第5章 Hive 数据离线处理

IT 行业中，会 SQL 的人往往比会编程的人多得多，为什么呢？因为 SQL 相对比较简单且容易理解，而编程需要具备一定的计算机语言基础。SQL 是一种查询语言，常见的数据库如 MySQL 或 SQL Server 都支持 SQL。而编程则涵盖了多种语言，目前比较流行的有 Java、Python、C 语言等。

在 IT 行业中，为了让更多的人能够感受到大数据的魅力，实现了一种方式，即通过 SQL 让不会编程的人也能够进行大数据分析。本章将介绍 Hive 的概念功能与架构，以及 Hive SQL。

## 5.1 引 言

### 1. 数据仓库的定义

传统的方法只能通过数据库使用 SQL，这种方法的缺点也很明显，就是不能在数据库中存放很多数据。而在大数据中，通过数据仓库就可以解决这个问题，它不仅可以存放海量的数据，也可以通过 SQL 方式进行操作。数据仓库的英文名称为 Data Warehouse，可简写为 DW 或 DWH，它为企业所有级别的决策制订过程提供所有类型数据所支持的战略集合。数据仓库用于单个数据存储，出于分析性报告和决策支持目的而创建。

数据仓库的概念由"数据仓库之父"比尔·恩门（Bill Inmon）于 1990 年提出，其主要功能仍是将组织通过信息系统的联机事务处理（Online Transaction Processing，OLTP）长年累月所累积的大量资料，通过数据仓库理论所特有的资料储存架构，做有系统地分析整理，有利于各种分析方法，如联机分析处理（Online Analytical Processing，OLAP）、数据挖掘（Data Mining）的进行，进而支持如决策支持系统（Decision Support System，DSS）、主管信息系统（Executive Information System，EIS）的创建，帮助决策者快速、有效地从大量资料中分析出有价值的资讯，有利于决策的拟定及快速回应外在环境变动，帮助建构商业智能（Business Intelligence，BI）。

### 2. 数据仓库的特点

（1）面向主题。操作型数据库的数据组织面向事务处理任务，而数据仓库中的数据是按照一定的主题进行组织。主题是指用户使用数据仓库进行决策时所关心的重点方面，一个主题通常与多个操作型信息系统相关。

（2）集成。数据仓库的数据有来自分散的操作型数据，将所需数据从原来的数据中抽取出来，进行加工与集成，统一、综合之后才能进入数据仓库。数据仓库中的数据是在对原有分散的数据库数据进行抽取、清理的基础上经过系统加工、汇总和整理得到的，必须消除源数据中的不一致性，以保证数据仓库内的信息是关于整个企业的、一致的全局信息。

数据仓库中的数据主要供企业决策分析用，所涉及的数据操作主要是数据查询，一旦某个数据进入数据仓库，一般情况下该数据将被长期保留。也就是说，数据仓库中一般有大量的数据查询操作，但数据修改和数据删除操作很少，通常只需要定期对数据进行加载、刷新。数据仓库中的数据通常包含历史信息，系统记录了企业从过去某一时间点（如开始应用数据仓库的时间点）到当前的各个阶段的信息，通过这些信息，可以对企业的发展历程和未来趋势做出定量分析和预测。

（3）不可更新。数据仓库主要是为决策分析提供数据，所涉及的操作主要是数据的查询。

（4）随时间变化。传统的关系数据库系统比较适合处理格式化的数据，能够较好地满足商业商务处理的需求。稳定的数据以只读格式保存，且不随时间改变。

（5）汇总。操作型数据映射成决策可用的格式。

（6）大容量。时间序列数据集合通常都非常大。

（7）非规范化。数据仓库中的数据可以是而且经常是冗余的。

（8）元数据。将描述数据的数据保存起来。

（9）数据源。数据来自内部和外部的非集成操作系统。

### 3. 数据仓库的用途

信息技术与数据智能大环境下，数据仓库在软硬件领域、Internet和企业内部网解决方案以及数据库方面提供了许多经济高效的计算资源，可以保存大量的数据供分析使用，且允许使用多种数据访问技术。

开放系统技术使分析大量数据的成本趋于合理，并且硬件解决方案也更为成熟。在数据仓库应用中，主要使用的技术如下。

（1）并行。计算的硬件环境、操作系统环境、数据库管理系统和所有相关的数据库操作、查询工具和查询技术、应用程序等各个领域都可以从并行的最新成就中获益。

（2）分区。分区功能使支持大型表和索引更容易，同时提高了数据管理和查询性能。

（3）数据压缩。数据压缩功能降低了数据仓库环境中通常需要用于存储大量数据的磁盘系统的成本，新的数据压缩技术也已经消除了压缩数据对查询性能造成的负面影响。

### 4. 数据仓库系统

数据仓库系统由数据源、数据存储以及数据管理组成。数据源是数据仓库系统的基础，是整个系统的数据源泉，通常包括企业内部信息和外部信息。内部信息包括存放于关系数据库管理系统（Relational Database Management System，RDBMS）中的各种业务处理数据和各类文档数据；外部信息包括各类法律法规、市场信息和竞争对手的信息等。

数据存储与数据管理是整个数据仓库系统的核心。数据仓库的组织管理方式决定了它有别于传统数据库，同时决定了其对外部数据的表现形式。要决定采用什么产品和技术来建立数据仓库的核心，需要从数据仓库的技术特点着手分析，针对现有各业务系统的数据进行抽取、清理，并有效集成，按照主题进行组织。数据仓库按照数据的覆盖范围可以分为企业级数据仓库和部门级数据仓库(通常称为数据集市)。

## 5.2 Hive 简介

Hive 是基于 Hadoop 的数据仓库软件，可以查询和管理 PB 级别的分布式数据。Hive 能够灵活方便地进行抽取、转换、加载(Extract、Transform、Load，ETL)，支持 MapReduce、Tez、Spark 等多种计算引擎，可直接访问 HDFS 文件以及 HBase，并且易用易编程。

### 5.2.1 Hive 的应用场景

Hive 构建在基于静态批处理的 Hadoop 之上，Hadoop 通常都有较高的延迟并且在作业提交和调度的时候需要大量的开销。

Hive 并不能在大规模数据集上实现低延迟快速查询。例如，Hive 在几百兆字节的数据集上执行查询操作时一般有分钟级的延迟。因此，Hive 并不适合那些需要低延迟的应用，如 OLTP。

Hive 并非为 OLTP 而设计，并不提供实时的查询和基于行级的数据更新操作。其最佳使用场合是大数据集的批处理作业，如网络日志分析。Hive 的使用场景如图 5-1 所示。

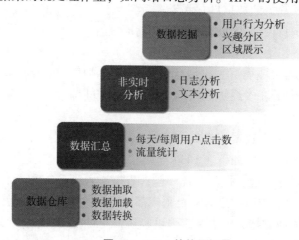

图 5-1　Hive 的使用场景

### 5.2.2 Hive 与传统数据仓库的比较

Hive 与传统数据仓库在多个层面都有不同，如存储、执行引擎、使用方式、灵活性、分析速度、索引、易用性、可靠性、依赖环境、价格等，具体的比较可参考表 5-1。

表 5-1　Hive 与传统数据仓库的比较

| 项目 | Hive | 传统数据仓库 |
|---|---|---|
| 存储 | HDFS，理论上有无限拓展的可能 | 集群存储，存在容量上限。只能适应于数据量比较小的商业应用，对于超大规模、半结构或非结构化数据无能为力 |

续表

| 项目 | Hive | 传统数据仓库 |
|---|---|---|
| 执行引擎 | 有 MR/Tez/Spark 多种引擎可供选择 | 可以选择更加高效的算法来执行查询，也可以采取更多的优化措施来提高速度 |
| 使用方式 | HQL(类似 SQL) | SQL |
| 灵活性 | 元数据存储独立于数据存储之外，从而解耦合元数 | 低，数据用途单一 |
| 分析速度 | 计算依赖于集群规模，易拓展，在大数据量情况下，远远快于普通数据仓库，但复杂的关联交叉运算的速度很慢，宽表用 Hive 做比较低效 | 复杂查询性能高于 Hive，简单大规模查询性能较 Hive 弱 |
| 索引 | 低效，目前还不完善 | 高效 |
| 易用性 | 需要自行开发应用模型，灵活度较高，但是易用性较低 | 集成一整套成熟的报表解决方案，可以较为方便地进行数据分析 |
| 可靠性 | 数据存储在 HDFS，可靠性高，容错性高 | 可靠性较低，一次查询失败需要重新开始。数据容错大部分依赖于硬件 Raid，软件角度不同，产品差异较大 |
| 依赖环境 | 对硬件要求较低，可适应一般的普通机器 | 依赖于高性能的商业服务器，对 x86 服务器的配置统一性要求较高 |
| 价格 | 开源产品 | 商用比较昂贵 |

## 5.2.3 Hive 的优点

Hive 的操作接口采用类 SQL 语法，提供快速开发的能力，避免了去写 MapReduce，减少开发人员的学习成本。Hive 的执行延迟比较高，因此常用于数据分析，以及对实时性要求不高的场合。

Hive 的优势在于处理大数据，对于处理小数据没有优势，因为 Hive 的执行延迟比较高。Hive 支持用户自定义函数，用户可以根据自身的需求来实现自定义的函数。图5-2 所示为 Hive 的优点。

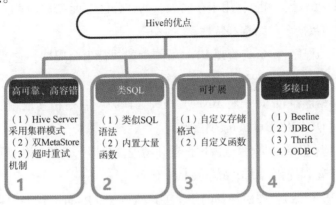

图 5-2 Hive 的优点

### 5.2.4 Hive 的缺点

Hive 的 HQL 表达能力有限，迭代式算法无法表达，不擅长进行数据挖掘。Hive 的效率比较低，其自动生成的 MapReduce 作业通常情况下不够智能化。除此之外，Hive 还存在其他的缺点。图 5-3 所示为 Hive 的缺点。

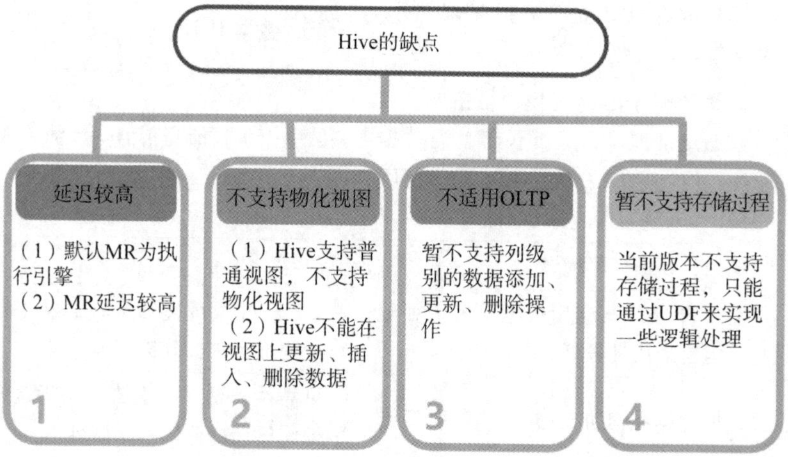


图 5-3　Hive 的缺点

## 5.3 Hive 的功能与架构

### 5.3.1 Hive 的架构

Hive 通过给用户提供的一系列交互接口，接收到用户的指令（SQL），使用自己的 Driver，结合元数据（MetaStore），将这些指令翻译成 MapReduce，提交到 Hadoop 中执行，最后将执行返回的结果输出到用户交互接口。

图 5-4 所示为 Hive 的架构。Hive 架构的核心包括以下组件。

（1）MetaStore（元数据存储）：用于存储表、列、分区等元数据信息，这些元数据描述了在 Hive 中创建的数据表的结构和特性。

（2）Driver（驱动程序）：负责管理 HiveQL 查询的执行生命周期，它处理查询解析、优化和执行的过程，并贯穿整个 Hive 任务的执行。

（3）Compiler（编译器）：用于将 HiveQL 查询编译为一系列相互依赖的 Map/Reduce 任务，编译器将 HiveQL 转化为可执行的作业。

（4）Optimizer（优化器）：分为逻辑优化器和物理优化器，逻辑优化器优化 HiveQL 生成的查询执行计划，物理优化器优化 MapReduce 任务。

（5）Executor（执行器）：按照任务的依赖关系执行 MapReduce 任务，将 HiveQL 查询转化为实际的计算任务。

（6）ThriftServer（Thrift 服务器）：提供 Thrift 接口，允许外部应用程序通过 JDBC 和 OD-BC 等方式连接到 Hive 服务，并执行 HiveQL 查询。

（7）Clients（客户端）：包括命令行接口 Beeline 以及 JDBC/ODBC 接口，允许用户访问和查询 Hive 中的数据表。

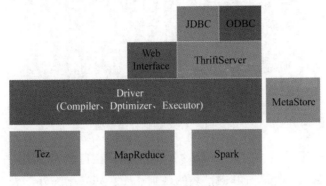

图 5-4　Hive 的架构

### 5.3.2　Hive 的运行流程

图 5-5 所示为 Hive 的运行流程，当 Client 提交 HQL 命令后，Tez 执行查询操作，YARN 为集群中的应用程序分配资源，并为 YARN 队列中的 Hive 作业启用授权，Hive 根据表类型更新 HDFS 或 Hive 仓库中的数据，最后通过 JDBC 连接返回查询结果。

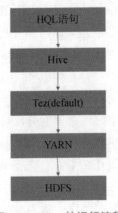

图 5-5　Hive 的运行流程

### 5.3.3　Hive 数据存储模型

Hive 中所有的数据均存储在 HDFS 上，Hive 本身没有专门的数据存储格式，也不能为数据建立索引。用户可以非常自由地组织 Hive 中的表，只需要在创建表的时候指定列分隔符和行分隔符，Hive 便可解析数据。Hive 数据存储模型如图 5-6 所示。

Hive 中的表分为内部表（或托管表）和外部表。

内部表的概念和数据库中的表的概念是类似的，每张内部表实际上对应了 HDFS 上的一个数据存储目录。用户可以通过修改 ${HIVEHOME}/conf/hive-site.xml 配置文件中的

hive. metastore. warehouse. dir 属性来配置这些表的数据存储目录。默认情况下，该属性的默认值设置为 HDFS 上的目录(/user/hive/warehouse)。

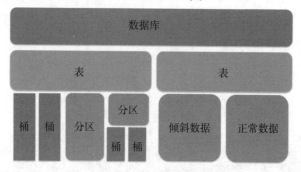

图 5-6 Hive 数据存储模型

外部表和内部表很类似，但其中的数据并不会存储在自己表所属的目录中，而是会存储在其他 HDFS 目录上。外部表和内部表的区别在于：如果删除外部表，则只会删除外部表对应的元数据，该外部表对应的数据不会被删除；而如果删除内部表，则该内部表对应的元数据和数据均会被删除。如果所有处理都由 Hive 来完成，则建议使用内部表。但如果要用 Hive 和其他工具来处理同一个数据，则建议使用外部表。

作为数据仓库，Hive 往往需要存储大量数据。如果仅将所有数据存储在一张表上，则在进行查询操作时会大大降低查询效率。有时候，用户只需要扫描表中的部分数据。因此，Hive 引入了分区的概念。分区就是将整张表的数据在存储的时候划分成多个子目录。一张表可以拥有一个或多个分区，一个分区对应表下的一个目录，所有分区的数据都存储在对应的目录中。Hive 分区的依据是创建表时所指定的"分区列"。需要注意的是，"分区列"并不是表里的某个字段，而是独立的列，但该独立的"分区列"可以被指定为查询条件。

分区提供了一个隔离数据和优化查询的可行方案，但并非所有的数据集都可以形成合理的分区。分区的数量也不是越多越好，过多的分区可能会导致很多分区上没有数据。为了解决这一问题，Hive 提供了一种更具细粒度的数据拆分方案——桶。桶会根据指定的列计算散列值，并根据计算出的散列值切分数据，然后根据散列值除以桶的个数进行求余，决定该条记录存储在哪个桶中，每一个桶就是一个文件。桶的个数是在建表的时候指定的，桶内可以排序。桶主要应用于数据抽样、提升某些查询操作效率等。Hive 的分区和桶也可以结合使用，以确保表数据在不同粒度上都可以得到合理的拆分。

### 5.3.4 Hive 支持的函数

Hive 自带了很多内置函数，有数学函数，如 round( )、floor( )、abs( )、rand( )等，日期函数，如 to_date( )、month( )、day( )等，字符串函数，如 trim( )、length( )、substr( )等。

如果内置函数不能满足用户需求，Hive 可支持自定义函数。Hive 的自定义函数有 3 种：第一种是用户自定义函数(User Defined Function，UDF)，一对一的输入、输出，是最常用的函数；第二种是用户自定义表生成函数(User Defined Table-Generate Function，UDTF)，一对多的输入、输出；第三种是用户自定义聚合函数(User Defined Aggregate

Function，UDAF)，多对一的输入、输出。

## 5.4　Hive SQL介绍

### 5.4.1　数据类型

Hive 的数据类型分为基础数据类型和复杂数据类型。Hive 不仅支持关系数据库中大多数的基本数据类型，也支持集合数据类型，如 STRUCT、MAP、ARRAY 等。表 5-2 中列举了 Hive 的基本数据类型和复杂数据类型。

表 5-2　Hive 的基本数据类型和复杂数据类型

| 分类 | 类型 | 描述 | 字面显示例 |
|---|---|---|---|
| 原始类型 | BOOLEAN | true/false | true |
| | TINYINT | 1 字节的有符号整数，-128~127 | 1Y |
| | SMALLINT | 2 字节的有符号整数，-32 768~32 767 | 1S |
| | INT | 4 字节的带符号整数 | 1 |
| | BIGINT | 8 字节的带符号整数 | 1L |
| | FLOAT | 4 字节的单精度浮点数 1.0 | |
| | DOUBLE | 8 字节的双精度浮点数 | 1.0 |
| | DEICIMAL | 任意精度的带符号小数 | 1.0 |
| | STRING | 字符串，变长 | "a","b" |
| | VARCHAR | 变长字符串 | "a","b" |
| | CHAR | 固定长度字符串 | "a","b" |
| | BINARY | 字节数组 | 无法表示 |
| | TIMESTAMP | 时间戳，纳秒精度 | 122327493795 |
| | DATE | 日期 | "2016-03-29" |
| 复杂类型 | ARRAY | 有序的同类型的集合 | array(1，2) |
| | MAP | Key-Value，Key 必须为原始类型，Value 可以为任意类型 | map("a"，1,"b"，2) |
| | STRUCT | 字段集合，类型可以不同 | struct("1"，1，1.0)，named_("col1"，"1","col2"，1,"col3"，1.0) |
| | UNION | 在有限取值范围内的一个值 | create_union(1,"a"，63) |

### 5.4.2　Hive 基本操作

Hive 常用的数据语言有 3 种：数据定义语言(Data Definition Language，DDL)，DDL 的

操作都是对元数据的操作，主要功能是创建表、修改表、删表、分区；数据操纵语言（Data Manipulation Language，DML），主要功能是数据导入、数据导出；数据查询语言（Data Query Language，DQL），主要功能是简单查询、复杂查询（如 Group by、Order by、Join）等。

（1）创建内部表。

Hive 有两种创建表的方式，第一种是内部表，也叫托管表；第二种是外部表。以下是创建托管表的示例。

```
CREATE TABLE IF NOT EXISTS example.employee(
Id INT COMMENT 'employeeid',
Company STRING COMMENT 'your company',
Money FLOAT  COMMENT 'work money',)
ROW FORMAT DELIMITED FIELDS TERMINATED BY ','
STORED AS TEXTFILE;
```

参数说明：CREATE TABLE 用来创建一张指定名称的表，若表名存在则会报错，可以加上 IF NOT EXISTS 解决此问题。

（2）创建外部表。

以下是创建外部表的示例。

```
CREATE EXTERNAL TABLE IF NOT EXISTS
example.employee(
Id INT COMMENT 'employeeid',
Company STRING COMMENT 'your company',
Money FLOAT  COMMENT 'work money',) ROW FORMAT
DELIMITED FIELDS TERMINATED BY ','
STORED AS TEXTFILE LOCATION '/localtest';
```

参数说明：COMMENT 用来注释，通过 ROW FORMAT DELIMITED FIELDS TERMINATED BY ','指定表字段分割符为','；STORED AS TEXTFILE 指定该表的存储格式为 TEXTFILE。

（3）修改列。

使用 ALTER TABLE CHANGE 语句可以修改列的名称。

```
ALTER TABLE employee1 CHANGE money string COMMENT
'changed by alter' AFTER dateincompany;
```

（4）添加列。

使用 ALTER TABLE ADD 语句可以增加一个新列。

```
ALTER TABLE employee1 ADD columns(column1 string);
```

（5）修改文件格式。

使用 ALTER TABLE SET 语句可以修改指定 Hive 表读取的文件格式。

```
ALTER TABLE employee3 SET fileformat  TEXTFILE;
```

（6）删除表数据/表。

使用 DELETE 语句可以删除满足 WHERE 条件的数据或整张表。

```
DELETE column_1 from table_1 WHERE column_1=??;
DROP table_a;
```

（7）描述表。

假如想要查看表的详细信息，如列名、列类型等，可以通过 DESC 语句来查看。

```
DESC table_a;
```

（8）显示表的创建语句。

通过 SHOW CREATE 语句可以查看创建此表的完整语句。

```
SHOW CREATE table_a;
```

（9）将本地文件中的数据加载到 Hive 表中。

通过 LOAD DATA 语句可以将本地文件数据加载到指定 Hive 表中。

```
LOAD DATA LOCAL INPATH 'employee.txt' OVERWRITE INTO TABLE
example.employee;
```

（10）从另一张表加载数据到 Hive 表中。

假如数据在另一张表中，也可以通过 INSERT INTO 语句将数据写入目标表。但在执行该语句时，会调用计算引擎进行运算，因此需要一定的时间。

```
INSERT INTO TABLE company.person PARTITION(century= '21',year='2010')
SELECT id, name, age, birthday FROM company.person_tmp WHERE
century= '23' AND year='2010';
```

（1）导出数据到 HDFS。

通过 EXPORT 语句可以将 Hive 表中的数据导出到 HDFS 指定的路径中，需要注意的是，此路径不能提前存在。

```
EXPORT TABLE company.person TO '/department';
```

（2）从 HDFS 导入数据。

通过 IMPORT 语句可以将 HDFS 指定路径的数据导入指定的 Hive 表，需要注意的是，HDFS 路径下的元数据应该和目标表的元数据相同。

```
IMPROT TABLE company.person FROM '/department';
```

（3）插入数据。

插入数据，以便可以通过 SQL 查询语句操作数据。

```
INSERT INTO TABLE company.person
SELECT id, name, age, birthday FROM company.person_tmp
WHERE century= '23' AND year='2010';
```

需要注意的是，传统数据库对表数据的验证方式是 Schema on Write（写时模式），而 Hive 在下载数据时是不检查数据是否符合 Schema（模式）的，Hive 遵循的是 Schema on Read（读时模式），只有在读的时候 Hive 才检查、解析具体的数据字段和模式。读时模式的优势是下载数据非常迅速，因为它不需要读取数据进行解析，仅进行文件的复制或移动。写时模式的优势是提升了查询性能，因为预先解析之后可以对列建立索引并压缩，但这样也会花费更多的加载时间。

## 5.5 本章总结

本章主要介绍了数据仓库的概念，并介绍了 Hive 的基本原理、应用场景、优缺点、架构、数据存储模型、基本操作等。

### 习　题

**一、选择题**

1.（多选）以下哪些是 Hive 适用的场景？（　　）

A. 实时的在线数据分析

B. 数据挖掘（用户行为分析、兴趣分区、区域展示）

C. 数据汇总（每天/每周用户点击数、流量统计）

D. 非实时分析（日志分析、文本分析）

2. 以下关于 Hive SQL 基本操作，描述正确的是（　　）。

A. 创建外部表使用 EXTERNAL 关键字，创建普通表需要指定 INTERNAL 关键字

B. 创建外部表必须要指定 Location 信息

C. 加载数据到 Hive 时源数据必须是 HDFS 的一条路径

D. 创建表时可以指定列分隔符

3. 对于 Hive 中的分区概念，以下描述错误的是（　　）。

A. 分区字段要在创建表时定义

B. 分区字段只能有一个，不可以创建多级分区

C. 使用分区，可以减少某些查询的数据扫描范围，进而提高查询效率

D. 分区字段可以作为 WHERE 字句的条件

4. 以下关于 Hive 中的桶的描述，不正确的是（　　）。

A. 每个桶是一个目录

B. 建表时指定桶个数，桶内可排序

C. 数据按照某个字段的值 Hash 后放入某个桶

D. 对于数据抽样、特定 Join 的优化很有意义

5. 以下属于 Hive 数据查询语言的命令的是（　　）。

A. ALTER TABLE employee1 ADD columns（column1 string）；

B. SELECT a. salary，b. address FROM employee a JOIN employee_info b ON a. name = b. name；

C. CREATE TABLE employee（Id INT COMMENT，Company STRING）ROW FORMAT DELIMITED FIELDS TERMINATED BY'，'STORED AS TEXTFILE；

D. DELETE column_1 from table_1 WHERE column_1 = ？？；

**二、简答题**

1. 简述 Hive 内部表与外部表的区别。

2. 简述分区表的关键字与作用。

3. 简述 Hive 与 MySQL 的区别。

4. Hive 的默认计算引擎是什么?

5. 简述运行 Hive 任务的前提条件。

# 第6章

# Spark 生态圈

在日常生活中，人们接触的数据在时间上是有区别的。例如，在微博看到的数据，其发布时间往往不是当前时间；又如，通过支付宝的年终分析报告，可以看到这一年的花销占比等信息。这些信息都称为离线数据，也称为历史数据。而另外一种数据往往是实时接收的，如在各大平台看的所有赛事的直播都是实时的。

那么，在大数据领域中，这两种数据是如何处理的呢？离线数据在前面已经介绍过，本章将介绍实时数据的处理方法、Spark 的原理与架构，以及 Spark 的应用场景等。

## 6.1 引 言

### 6.1.1 计算引擎时间轴

大数据计算引擎的发展历程主要经历了 4 个阶段，目前主流的计算引擎是第三代 Spark 以及最近比较受人们欢迎的 Flink。图 6-1 所示为大数据计算引擎的发展历程。

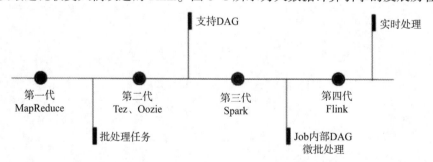

图 6-1 大数据计算引擎的发展历程

1. 第一代大数据计算引擎

Hadoop 承载的 MapReduce 将任务分成两个部分，分别是 Map（切分）和 Reduce（合并），主要是批处理任务。

2. 第二代大数据计算引擎

第二代大数据计算引擎主要是支持有向无环图（Directed Acyclic Graph，DAG）的框架：Tez、Oozie，主要还是批处理任务。

### 3. 第三代大数据计算引擎

Job 内部的 DAG 支持(不跨越 Job)，以及强调的实时计算，代表为 Spark。

### 4. 第四代大数据计算引擎

第四代大数据计算引擎主要体现为对流计算的支持，以及更一步的实时性，代表为 Flink。

如今，大多数的大数据处理平台计算层支持 Spark 和 Flink 两种计算引擎，资源调度依赖 YARN 来执行，以实现"批流合一"。

## 6.1.2　批处理——MapReduce、Tez 与 Spark

### 1. MapReduce

MapReduce 是一种利用磁盘的高 I/O 操作实现并行计算的框架。在 MapReduce 中，数据以键值对的形式进行输入和输出。可以用以下两个公式来简单描述 Map 和 Reduce 阶段的输入和输出。

$$Map(K1，V1) \rightarrow list(K2，V2)$$
$$Reduce(K2，list(V2)) \rightarrow list(V2)$$

在一个问题的计算过程中，Map 操作将数据自动地进行分区，并分布到多台处理机上进行并行处理。Reduce 操作会根据中间数据的键值通过分区函数，如 Hash() 进行处理，并分布到不同处理机上进行相同的计算。

Shuffle 阶段是将 Map 阶段的输出作为 Reduce 阶段的输入进行处理的过程，它通常包含以下两个关键阶段。

(1)Mapper(映射器)端的 Shuffle。由 Mapper 产生的结果并不会直接写入磁盘，而是先存储在内存中，当内存中的数据量达到设定的阈值时，一次性写入本地磁盘。同时进行 Sort(排序)、Combine(合并)、Partition(分片)等操作。其中，Sort 是把 Mapper 产生的结果按照 Key 值进行排序；Combine 是把 Key 值相同的记录进行合并；Partition 是把数据均衡地分配给 Reducer。

(2)Reducer(归约器)端的 Shuffle。由于 Mapper 和 Reducer 往往不在同一个节点上运行，所以 Reducer 需要从多个节点上下载 Mapper 的结果数据，并对这些数据进行处理，然后才能被 Reducer 处理。

当然，MapReduce 也存在一些问题，有些任务如词频统计(WordCount)可以通过一次 Map 和 Reduce 过程解决，但是单个 MapReduce 能够完成的操作毕竟有限，大部分复杂的问题需要分解成多个 MapReduce 过程。每个 Reduce 过程的结果作为下一个 Map 过程的输入数据，在处理这种迭代计算时，由于 MapReduce 必须先存储，后运算，所以在进行需要多次 MapReduce 组合的计算时，每次 MapReduce 除了 Shuffle 的磁盘开销，Reduce 之后也会写到磁盘，导致它在迭代计算中性能不足。

### 2. Tez

为了克服 MapReduce 难以支持迭代计算的缺陷，Tez 应运而生。Tez 是 Apache 最新的、支持 DAG 作业的开源计算框架，它可以将多个有依赖的作业转换为一个作业，从而大幅提升 DAG 作业的性能。

3. Spark

Spark 是一种基于内存的开源计算框架，作用相当于 MapReduce，但它是基于内存的计算引擎。Spark 将迭代过程的中间数据缓存到内存中，根据需要多次重复使用。这样减少了硬盘读写次数，能够将多个操作进行合并后再计算，提升了计算速度。

Spark 的 DAG 实质上就是把计算和计算之间的编排变得更为细致紧密，使很多 Map-Reduce 任务中需要落盘的非 Shuffle 操作得以在内存中直接参与后续的运算，DAG 相比 Hadoop 的 MapReduce，在大多数情况下可以减少 Shuffle 次数。如果计算不涉及与其他节点进行数据交换，那么 Spark 可以在内存中一次性完成这些操作，也就是中间结果无须落盘，减少了磁盘 I/O 操作的次数。

Spark 的 RDD 是 Spark 中最主要的数据结构，可以直观地认为 RDD 就是要处理的数据集。RDD 是分布式的数据集，每个 RDD 都支持 MapReduce 类操作，经过 MapReduce 操作后会产生新的 RDD，而不会修改原有 RDD。RDD 的数据集是分区的，因此可以把每个数据分区放到不同的分区上进行计算，而实际上大多数 MapReduce 操作都是在分区上进行计算的。Spark 不会对每个 MapReduce 操作都发起计算，而是尽量地把操作累计起来一起计算。Spark 把操作划分为转换(Transformation)和动作(Action)，对 RDD 进行的转换操作会叠加起来，直到对 RDD 进行动作操作时才会发起计算。这种特性也使 Spark 可以减少中间结果的吞吐，可以快速地进行多次迭代计算。

Spark 有如此多的优点，但是如果数据超过 1 TB 基本就不能用 Spark 了，还是要使用 MapReduce。因为如果数据过大，使用 Spark 就会出现内存溢出等问题，这时需要进行调优才可以解决对应的问题，所以 Spark 对调优的要求也很高。

## 6.2 Spark 概述

Spark 是基于内存的分布式批处理引擎，它最大的特点是延迟小，具有很高的容错性和可拓展性。和其他引擎的最大的区别在于，Spark 支持进行迭代计算，主要应用在低延迟的迭代计算中。它和传统的数据处理引擎最大的不同在于，Spark 会将计算中的临时文件或临时数据存放在内存中，这样在进行反复引用时，就不需要再从磁盘中进行数据读取，而是选择更快的内存进行该操作。相比于传统 Hadoop 架构，Spark 理论速度要快 100 倍以上。但是这个参数是有条件的，在迭代层级较少的时候，这个差距并不明显，Spark 的计算速度还有可能没有 Hadoop 快。当重复引用和迭代层数变多以后，这个差距就会越来越明显。

### 6.2.1 Spark 简介

Spark 在 2009 年诞生于美国加州大学伯克利分校 AMP 实验室，它是一种基于内存进行计算的分布式批处理引擎，主要工作是执行以下几种计算：数据处理，可以进行快速的数据计算工作，具备容错性和可拓展性；迭代计算，可以对多步数据逻辑处理进行计算；数据挖掘，在海量数据基础上进行挖掘分析，可以支持多种数据挖掘和机器学习算法。

Spark 是一站式解决方案，集批处理、实时流处理、交互式查询、图计算与机器学习于一体。

### 6.2.2 Spark 的应用场景

（1）Spark Core（批处理）可用于数据的 ETL。

（2）Spark MLib（机器学习）可用于自动判断淘宝的买家评论是好评还是差评。

（3）Spark SQL（交互式分析）可用于查询 Hive 数据仓库。

（4）Spark Streaming（流处理）可用于页面单击流分析、推荐系统、舆情分析等实时业务。

### 6.2.3 Spark 生态圈

Spark 生态圈是由美国加州大学伯克利分校的 AMP 实验室打造的，是一个力图在算法（Algorithms）、机器（Machines）、人（People）之间通过大规模集成来展现大数据应用的平台。

AMP 实验室运用大数据、云计算、通信等各种资源及各种灵活的技术方案，对海量不透明的数据进行甄别并将其转化为有用的信息，以供人们更好地理解世界。该生态圈已经涉及机器学习、数据挖掘、数据库、信息检索、自然语言处理和语音识别等多个领域。

Spark 生态圈以 Spark Core 为核心，从 HDFS、AmazonS3 和 HBase 等持久层读取数据，以 Mesos、YARN 和自身携带的 Standalone 为 Cluster Manager（集群管理器），调度 Job 完成 Spark 应用程序的计算，这些应用程序可以来自不同的组件。

Spark 生态圈包括 Spark Shell 和 Spark Submit（用于批处理）、Spark Streaming（用于实时处理）、Spark SQL（用于即席查询）、MLlib（用于机器学习）、GraphX（用于图处理）、SparkR（用于数学计算）等。

### 6.2.4 Spark 和 MapReduce 的对比

与 Hadoop 相比，Spark 更适用于数据处理、机器学习、交互式分析，其主要应用于迭代计算中，可以提供比 Hadoop 更低的延迟、更高效的处理，并且开发效率更高，容错性也更好。但需要注意的是，Spark 的性能只有在进行多层迭代计算的时候才会有显著的提升，相对于迭代层数少的计算，Spark 的计算性能提升得并不明显，基本和 Hadoop 持平。图 6-2 所示为 Spark 和 MapReduce 的比较。

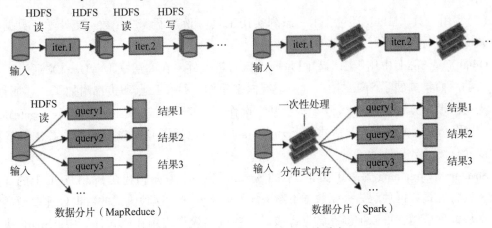

图 6-2 Spark 和 MapReduce 的对比

## 6.3 Spark 的原理与架构

### 6.3.1 Spark Core

Spark Core 类似于 MapReduce 的分布式内存计算框架，其最大的特点是将中间计算结果直接放在内存中，提升计算性能。Spark Core 自带 Standalone 模式的资源管理框架，也支持 YARN、Mesos 的资源管理系统。FusionInsight 集成的是 Spark on Yarn 的模式，其他模式暂不支持。

Mesos 是 Apache 下的开源分布式资源管理框架，它被称为是分布式系统的内核。Mesos 最初是由美国加州大学伯克利分校的 AMP 实验室开发的，后续得到广泛使用。

Spark SQL 是一个用于处理结构化数据的 Spark 组件，作为 Apache Spark 大数据框架的一部分，其主要用于结构化数据处理和对数据执行类 SQL 查询。通过 Spark SQL，可以针对不同数据格式（如 JSON，Parquet，ORC 等）和数据源执行 ETL 操作，完成特定的查询任务。

Spark Streaming 是微批处理的流处理引擎，将流数据分片以后在 Spark Core 的计算引擎中进行处理。相对于 Storm，Spark Streaming 的实时性稍差，优势体现在吞吐量上。

MLlib 是 Spark 的机器学习（ML）库。它的主要目标是使机器学习变得可扩展和简单。在高层次上，MLlib 提供了以下关键工具和功能。

（1）机器学习算法。MLlib 包含了常见的机器学习算法，如分类、回归、聚类和协同过滤等。

（2）特征工具。MLlib 提供了一系列特征工具，包括特征提取、转换、降维和选择，以帮助准备数据用于训练模型。

（3）管道。MLlib 允许构建、评估和调优机器学习管道，使机器学习工作流程更加灵活和可管理。

（4）持久性。MLlib 支持保存和加载机器学习算法、模型和管道，以便在不同的环境中重用。

（5）实用工具。MLlib 还包含了一系列实用工具，涵盖了线性代数、统计学、数据处理等领域，帮助用户更好地理解和处理数据。

GraphX 是 Spark 中用于图形和图并行计算的新组件。在高层次上，GraphX 通过引入一个新的图抽象扩展了 Spark RDD：一个有向多重图，每个顶点和边都附加了一些属性。为了支持图形计算，GraphX 公开了一组基本操作符（如子图、joinVertices 和 aggregateMessages）以及 Pregel API 的优化版本。此外，GraphX 还包括了越来越多的图形算法和构建器，以简化图形分析任务。

Structured Streaming 为 2.0 版本之后的 Spark 所独有。它是构建在 Spark SQL 上的计算引擎，其将流式数据理解为一张数据不断增加的数据库表，这种流式的数据处理模型类似于数据块处理模型，可以把静态数据库表的一些查询操作应用在流式计算中。Spark 执行标准的 SQL 查询，从无边界表中获取数据。图 6-3 所示为 Spark 框架。

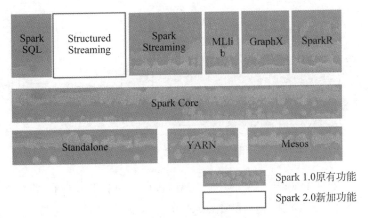

图 6-3　Spark 框架

## 6.3.2　Spark 的进程结构

Spark 计算中涉及多个进程角色：Client，即用户方，负责提交请求；Driver，即负责应用的业务逻辑和运行规划（DAG）；ApplicationMaster，即负责应用的资源管理，根据应用需要，向资源管理部门（ResourceManager）申请资源；ResourceManager，即资源管理部门，负责整个集群资源的统一调度和分配；Executor，即负责实际计算工作，一个应用会被分拆给多个 Executor 来进行计算。

## 6.3.3　Spark 的应用结构

Spark 用户程序提交一次应用为一个 Application（应用程序），一个 APP 会启动一个 SparkContext，也就是 Application 的 Driver，用来驱动整个 Application 的运行。一个 Application 可能包含多个 Job，每个 Action（动作）算子对应一个 Job；Action 算子有 Collect（收集）、Count（计数）等。每个 Job 可能包含多层 Stage（阶段），划分标记为 Shuffle 过程；Stage 按照依赖关系依次执行。Task（任务）是具体执行任务的基本单位，被发到 Executor 上执行。

## 6.3.4　Spark 的数据结构

### 1. RDD

RDD（Resilient Distributed Datasets）即弹性分布式数据集，是一个只读的、可分区的分布式数据集，默认存储在内存中，当内存不足时会溢出到磁盘中，数据以分区的形式在集群中存储。

RDD 具有血统（Lineage）机制，当发生数据丢失时，可快速进行数据恢复。图 6-4 所示为 RDD 执行流程。

由于 Driver 整体是将数据切分成阶段去执行的，那么 DAG 本身就是一个关于计算执行的控制流程。DAG 主要是用于控制计算的顺序和计算的结果调用的规划。在实际进行计算的时候，一个大的数据也就会按照这种 DAG 被切分成很多小的数据集，然后被反复调用或根据依赖关系缓存。这种由阶段性计算产生的小的数据集称为 RDD。

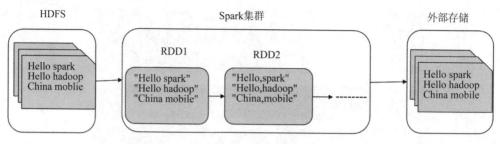

图 6-4　RDD 执行流程

RDD 的生成一般从 Hadoop 文件系统(或与 Hadoop 兼容的其他存储系统)输入创建(如 HDFS),或者从父 RDD 转换得到新的 RDD。

用户可以选择不同的存储级别存储 RDD 以便重用。当前 RDD 默认存储于内存中,当内存不足时,RDD 会溢出到磁盘中。RDD 在需要进行分区时会根据每条记录 Key 进行分区,以此保证两个数据集能高效进行 Join 操作。图 6-5 所示为 Spark 任务执行流程。

图 6-5　Spark 任务执行流程

在实际操作中,提交业务的时候是按照整体文件进行提交,提交业务之后,首先在 Driver 中会进行 Application 到 Task 的 DAG 切分,这个时候计算的数据就由原先的整体文件被切分成了多个 RDD,在计算过程中,按照 DAG 的逆向顺序逐个创建这些 RDD,由一个大的文件,也就是量级比较大的父 RDD,逐步切分为多个子 RDD,直到最终子 RDD 的对应关系可以和 Task 进行匹配。

Spark 在执行相关计算时,主要有两类操作,分别为 Transfermation 和 Action。其中,Transfermation 执行的操作结果还是一个 RDD,相当于在执行计算的过程中,Transfermation 产生的是临时数据集,只对数据做一些基本的操作和处理,如 map( )、filter( )、join( ) 等函数操作。Transformation 都是"懒惰"的,并不会马上执行,需要等到有 Action 操作的时候才会启动真正的计算过程。

Action 产生的是结果，如 count（）、collect（）、save（）等函数操作。Action 操作是返回结果或将结果写入存储的操作，它是 Spark 应用真正执行的触发动作。

**2. RDD 依赖**

在 RDD 中，可以根据某个 RDD 进行操作(计算或转换等)得到一个新的 RDD，那么这个 RDD 在执行 Application 类操作的时候是会产生对原 RDD 的依赖关系，此时原 RDD 成为父 RDD，新的 RDD 为子 RDD。

RDD 依赖分为两种，分别是窄依赖(Narrow Dependencies)和宽依赖(Wide Dependencies)。窄依赖指父 RDD 的每一个分区最多被一个子 RDD 的分区所用；宽依赖指子 RDD 的分区依赖于父 RDD 的所有分区，是 Stage 划分的依据。图 6-6 所示为宽、窄依赖划分依据。

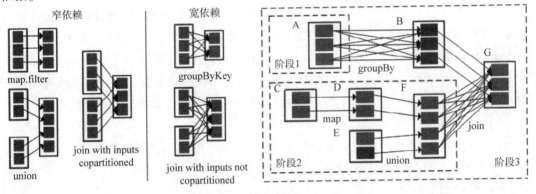

图 6-6　宽、窄依赖划分依据

(1)窄依赖对优化很有利。逻辑上，每个 RDD 的算子都是一个 fork/join(分支/合并，此 join 非 Join 算子，而是指同步多个并行任务的屏障)，把计算分到每个分区，计算完后合并，然后进行下一个 fork/join。如果直接转换到物理实现，那么这是很不经济的：一是每一个 RDD(即使是中间结果)都需要物化到内存或存储中，费时费空间；二是 join 作为全局的屏障，是很昂贵的，会被最慢的那个节点"拖死"。如果子 RDD 的分区到父 RDD 的分区是窄依赖，那么就可以把两个 fork/join 合为一个；如果连续的变换算子序列都是窄依赖，那么就可以把多个 fork/join 合为一个，这样不但减少了大量的全局屏障，而且无须物化很多中间结果 RDD，将极大地提升性能。Spark 把这个过程称为 Pipeline(管道)优化。

在进行计算时，由于 RDD 之间包括执行的计算之间都是有依赖关系的，所以在进行实际的计算时，也会存在计算的顺序问题。当内存不足时，就需要将一部分的 RDD 存储在硬盘中，这个时候，由于 RDD 存在序列化编号，因此可以根据编号顺序进行计算，而不会导致由于 RDD 没有编号产生的计算混乱问题。

(2)窄依赖有以下优势：首先，窄依赖可以支持在同一个 Cluster node(集群节点)上以管道形式执行多条命令，如在执行了 map（）函数后，紧接着执行 filter（）函数；其次，从失败恢复的角度考虑，窄依赖的失败恢复更有效，因为它只需要重新计算丢失的 Parent partition(父分区)即可，而且可以并行地在不同节点进行重计算。

(3)Stage 的划分是 Spark 作业调度的关键一步，它基于 DAG 确定依赖关系，借此来进行划分，将依赖关系链断开，每个 Stage 内部可以并行运行，整个作业按照 Stage 顺序依次执行，最终完成整个 Job。实际应用提交的 Job 中的 RDD 依赖关系是十分复杂的，依据这些依赖关系来划分 Stage 自然是十分困难的。

Spark 此时就利用了前文提到的依赖关系，调度器从 DAG 末端出发，逆向遍历整个依赖关系链，遇到 ShuffleDependency（宽依赖关系的一种叫法）就断开，遇到 NarrowDependency 就将其加入当前 Stage。Stage 中 Task 数目由 Stage 末端的 RDD 分区个数来决定，RDD 转换是基于分区的一种粗粒度计算，一个 Stage 执行的结果就是这几个分区构成的 RDD。

整体来说，在提交计算的时候，计算之间本身就存在相关的依赖关系，各个计算结果相互进行迭代和调用，这也就导致了在转化为 DAG 的过程中，数据与数据之间，包括计算的临时结果之间也是存在相关的调用关系的。因此，某些计算的 RDD 算子就会依赖其之前计算的 RDD，从而产生相关的依赖关系。如果某个 RDD 只依赖一个 RDD 的运算就可以执行自身的计算，那么 RDD 之间的关系称为窄依赖；如果某个 RDD 需要多个 RDD 反馈的结果才能够满足执行下一步的条件，那么 RDD 之间的关系称为宽依赖。在实际的执行过程中，窄依赖要远远优于宽依赖，所以需要将宽依赖拆分为窄依赖，这样就可以提升整体的执行效率。Stage 就是指将宽依赖拆分成窄依赖后的一个新的阶段。

3. RDD 依赖的拆分

图 6-7 所示为 RDD 依赖的拆分，从图 6-8 中可以看到，计算流程一共有 4 个 RDD，RDD2、RDD3、RDD4 中有两个分区，所以 RDD2 和 RDD3 之间的关系为宽依赖，此时需要将宽依赖拆分为窄依赖。

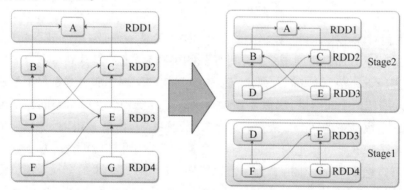

图 6-7　RDD 依赖的拆分

可以发现，此操作本质上并没有拆分原来的宽依赖，而是将执行阶段做了一个划分。从原理性的角度来说，依赖问题其实解决的主要是内存的占用问题。对于 Spark 来说，它利用内存作为数据的临时缓存空间的计算方式来计算的速度虽然很快，但是也造成了内存被大量占用的情况，当宽依赖出现的时候，由于宽依赖子 RDD 需要依赖父 RDD 中的所有分区，所以一旦有一个分区数据的计算出现问题，就会导致整个 RDD 计算出现问题，但是父 RDD 中计算出的分区的数据结果是不会等待所有分区都计算完成后才加入子 RDD 的分区的，这就导致每当父 RDD 计算出一个分区数据后，就会被马上载入子 RDD 的所有分区。为了避免这种情况的产生，需要通过拆分依赖的方式来实现，当依赖被拆分，并且必须等到某个阶段执行完成之后才能执行下一阶段。在图6-8中，必须要等待Stage1执行完毕，所有的分区数据都计算完成之后才能执行Stage2，此时数据才能被加载到下一个Stage中，从而节约了内存，减小了内存占用率。

### 6.3.5 Spark 的计算流程

（1）Client 向 Driver 发起应用计算请求，将 Driver 启动，同时申请 Job ID 保证全局应用的唯一合法性。首先，用户通过相关的接口连接到 Client；其次，提交 Application 请求到 Client，Client 将请求转发到 Spark，启动 Driver，Driver 会根据 Application 中的数据和信息，对任务进行相关的计算工作；再次，把 Application 中的计算请求解析并拆解；最后，将其转换成 DAG 的形式提交。

（2）Driver 向 ResourceManager 申请 ApplicationManager，来计算本次的应用数据，Driver 在执行完如上的计算之后，会根据用户提交的 APPlication 中关于 APPMaster 的控制文件和相关信息，计算其所需要消耗的资源，然后将请求发送给 ResourceManager，请求创建一个 Container，并在其中拉起 APPMaster。

（3）ResourceManager 在合适的设备节点上启动 ApplicationManager，来进行应用的调配和控制，ResourceManager 在收到请求之后，首先会发送相关的请求到各个 NodeManager，检查每个 NodeManager 的负载情况，并且选择当前负载最小的 NodeManager 节点进行通信，下发相关的请求给 NodeManager，要求其在自身封装对应的资源，拉起一个 Container，并在 Container 创建完成之后在其中打开 APPMaster。

（4）ApplicationManager 向 ResourceManager 申请（Container）进行数据的计算，APPMaster 拉起之后，会根据 Driver 中记录的 DAG 计算当前执行任务所需要消耗的资源，然后根据计算的结果向 ResourceManager 发起资源的申请请求，这里的 APPMaster 和 ResourceManager 中的相同，会按照轮询式的请求方法，计算每一步操作所需要消耗的资源，然后逐个下发申请，而不是根据计算所需要消耗的资源总量去进行一次性申请。

（5）ResourceManager 选择合适的节点进行 Container 的下发，并且在 Container 上启动 Executor，ResourceManager 按照之前的方式，根据负载在 NodeManager 上拉起 Container，并且要求 Container 在创建完成之后在内部继续创建 Executor。

（6）Executor 创建完成之后，会向 Driver 进行注册，保证其合法性。

（7）Driver 会将任务按照 DAG 的执行规划，一步步地将 Stage 下发到 Executor 上进行计算，在计算的过程中，数据会根据调用的依赖关系，先缓存在内存中，如果内存不足，也需要根据时间戳将最先写入内存中的部分数据下盘。当计算全部完成之后，Executor 就会关闭自身进程，然后 NodeManager 将资源进行回收。

（8）任务计算完成之后，Driver 会向 ResourceManager 进程发送注销请求，完成应用的计算，并且向 Client 返回对应的执行结果。如果在执行的过程中有相关的查询操作，那么请求会通过 Client 下发给 Driver 进行查询，如果 Driver 查询到某一个任务执行卡住，或者执行的速度过慢，这个时候就会选择一个 Executor 下发一个相同的任务，哪个任务先执行完，就使用哪一个任务的结果，这样就可以保证在整体执行的时候不会由于某一个进程的执行速度过慢，而导致整体计算被卡住。图6-8所示为 Spark 计算流程。

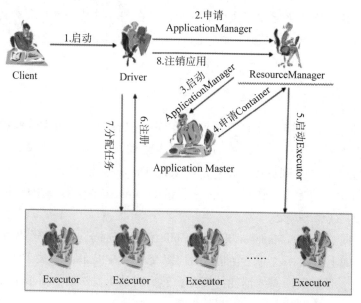

图 6-8　**Spark** 计算流程

### 6.3.6　Spark 的应用调度

Spark 的应用调度全部由 Driver 来完成，当一个请求从 Client 发送到 Driver 时，Driver 就开始执行相关的调度操作。

Driver 会根据用户提交的请求创建 DAG。Driver 主要分为两个核心进程，一个是 DAG 调度器，另一个是任务调度器。DAG 调度器主要用来对提交的业务进行相关的规划，需要控制对应的 RDD 的依赖关系并且根据该依赖关系做任务的切分，相当于将 Application 切分为 Stage 的过程。切分完成之后，对应的执行控制是由任务调度器来做的，它需要下发任务、监控任务，并且在任务出现问题的时候重启或重新下发任务。因此，DAG 调度器做的是计算的逻辑控制，任务调度器做的是具体的执行控制。

DAG 创建完成之后就开始进入调度阶段，DAG 调度器会将 DAG 切分为任务，相当于将 Application 切分为任务。任务是以组的形式存在的，一个组就是一个 Stage，Stage 中究竟有多少个任务取决于 Stage 中有多少个子 RDD，一个 RDD 对应一个任务。

DAG 从 Application 的层级开始逐层向下进行相关的检查操作，每遇到一个宽依赖就将其切分为窄依赖，然后将对应层级的 RDD 做切分，形成一个 Stage。

RDD 切分完成之后，DAG 就需要安排具体的执行的顺序和操作，相当于根据 RDD 之间的依赖关系做执行的安排。DAG 需要通过相关的规划执行，保障整体执行的最优化，使效率达到最高。

DAG 调度器将任务安排好之后，就会将对应的 Stage 分组任务交给任务调度器去执行，任务调度器收到的执行要求是以 Stage 为单位的，里面会根据 RDD 的个数产生对应的任务。

任务调度器会将 Stage 中的任务下发给 Worker 中的 Executor 来执行，相当于任务是被下发给 Container 中的 Executor 来执行的。

任务调度器会实时地对计算的进度进行监控，当一个计算产生延迟并且长时间没有返回对应的结果时，它会选择一个其他的 Executor 拉起该计算，两个进程谁先执行完，就使用谁的结果。

## 6.4　Spark SQL、DataSet 和 DataFrame

### 6.4.1　Spark SQL 简介

Spark SQL 是 Spark 中用于结构化数据处理的模块。在 Spark 应用中，可以无缝地使用 SQL 语句抑或是 DataFrame API 对结构化数据进行查询。

Spark SQL 是 Spark 中基于 Spark Core 的一个计算工具，其将用户提交的 SQL 语句解析成为 RDD，然后交由 Spark Core 执行，这样就可以在 Spark 中无缝对接 SQL 的语句查询，执行相关的任务。Spark SQL 中使用的数据资源称为 DataSet 和 DataFrame。

DataSet 是一个由特定域的对象组成的强类型集合，可通过功能或关系操作并行转换其中的对象。DataSet 是一个新的数据类型，它与 RDD 高度类似，性能比较好。DataSet 以 Catalyst 逻辑执行计划表示，并且数据以编码的二进制形式存储，不需要反序列化就可以执行 sort()、filter()、shuffle() 等函数。DataSet 虽然与 RDD 相似，但并不是使用 Java 序列化或 Kryo 编码器来序列化用于处理或通过网络进行传输的对象。虽然编码器和标准的序列化都负责将一个对象序列化成字节，但编码器是动态生成的代码，并且使用了一种允许 Spark 去执行许多像 filter()、sort() 以及 hash() 这样的函数，且不需要将字节反序列化成对象的格式。

Java 虚拟机(Java Virtual Machine，JVM)中存储的 Java 对象可以是序列化的，也可以是反序列化的。序列化的对象是将对象格式转化成二进制流，这样可以节省内存。反序列化的对象则与序列化的对象相对，是没有进行二进制格式化的、正常存储在 JVM 中的一般对象。RDD 可以将序列化的二进制流存储在 JVM 中，也可以将反序列化的对象存储在 JVM 中。至于现实中使用哪种方式，则需要视情况而定。例如，如果是需要最终存储到磁盘的，就必须用序列化的对象；如果是中间计算的结果，后期还会继续使用这个结果，那么一般都是用反序列化的对象。图 6-9 所示为 Spark SQL 的执行流程。

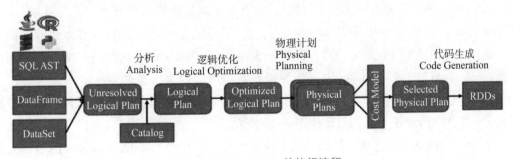

图 6-9　Spark SQL 的执行流程

### 6.4.2 DataSet 简介

DataSet 是一个由特定域的对象组成的强类型集合，可通过功能或关系操作并行转换其中的对象。以 Catalyst 逻辑执行计划表示，并且数据以编码的二进制形式存储，不需要反序列化就可以执行 sort( )、filter( )、shuffle( )等函数。

Dataset 是"懒惰"的，只在执行 Action 操作时触发计算。当执行 Action 操作时，Spark 用查询优化程序来优化逻辑计划，并生成一个高效的、并行分布式的物理计划。DataSet 与 RDD 高度类似，性能比较好，不需要反序列化就可执行大部分操作。本质上，数据集表示一个逻辑计划，该计划描述了产生数据所需的计算。

### 6.4.3 DataFrame 简介

DataFrame 是指定列名称的 DataSet，是 DataSet[ Row ]的特例。DataFrame 提供了详细的结构信息，使 Spark SQL 可以清楚地知道该数据集中包含哪些列，每列的名称和类型各是什么。这里主要对比 DataSet 和 DataFrame，因为 DataSet 和 DataFrame 拥有完全相同的成员函数，区别只是每一行的数据类型不同。DataFrame 也可以称为 DataSet[ Row ]，每一行的类型是 Row，不用解析，每一行究竟有哪些字段、各个字段的类型是什么都无从得知，只能用 getAS ( )方法或共性中的模式匹配拿出特定字段。而在 DataSet 中，每一行的字段的类型是不一定的，在自定义了样例类之后，可以很自由地获得每一行的信息。综上所述，DataFrame 列信息明确，行信息不明确。

由于 DataFrame 带有 Scheme(设计)信息，因此查询优化器可以进行有针对性的优化，以提高查询效率。

DataFrame 在序列化与反序列化时，只需要对数据进行序列化，不需要对数据结构进行序列化。Row 代表关系型操作符的输出行，类似 MySQL 的行。

RDD、DataFrame、DataSet 对比如下。

RDD 的优点是类型安全，面向对象。RDD 的缺点是它在集群之间的通信和 I/O 操作时需要对对象进行序列化和反序列化，这会带来性能开销，而频繁地创建和销毁对象可能会增加垃圾回收的性能开销。

DataFrame 的优点是自带 Schema 信息，这有助于降低序列化和反序列化的开销。DataFrame 的另一个优点是可以利用 off-heap 内存，这意味着不再受限于 JVM 堆内存，而是可以直接使用操作系统管理的内存。这可以提高性能。Spark 能够以二进制的形式序列化数据(不包括结构)到 off-heap 中，当要操作数据时，就直接操作 off-heap 内存，由于 Spark 理解 Schema，所以知道该如何操作。DataFrame 的缺点有不是面向对象的，编译期不安全。RDD 与 DataFrame 的对比如图 6-10 所示。

DataSet 的优点是快，在大多数场景下，其性能优于 RDD，和 DataFrame、RDD 能互相转化。DataSet 具有 RDD 和 DataFrame 的优点，又规避了它们的缺点。

| name | age | height |
|------|-----|--------|
| STRING | INT | DOUBLE |
| STRING | INT | DOUBLE |
| STRING | INT | DOUBLE |
| STRING | INT | DOUBLE |
| STRING | INT | DOUBLE |
| STRING | INT | DOUBLE |

RDD[Person]　　　　　　　　　　　　DataFrame

图 6-10　RDD 与 DataFrame 的对比

## 6.5　Spark Structured Streaming

### 6.5.1　Structured Streaming 概述

Spark Structured Streaming(简称 Structured Streaming)是构建在 Spark SQL 引擎上的流式数据处理引擎，可以像使用静态 RDD 数据那样编写流式计算过程。当流数据连续不断地产生时，Spark SQL 将会增量的、持续不断的处理这些数据，并将结果更新到结果集中。

Structured Streaming 的核心是将流式的数据看成一张数据不断增加的数据库表，这种流式的数据处理模型类似于数据块处理模型，可以把静态数据库表的一些查询操作应用在流式计算中。Spark 执行标准的 SQL 查询，从无边界表中获取数据。

无边界表是指新数据不断到来，旧数据不断丢弃，它实际上是一个连续不断的结构化数据流，如图 6-11 所示。

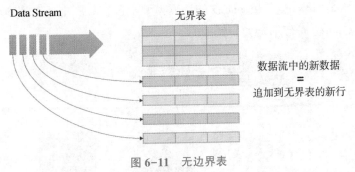

图 6-11　无边界表

从此处开始，后边会有很多的组件涉及流式数据处理。目前，在大数据的组件中，有很大一部分都涉及了流式数据处理。根据时间的进程，首先出现的是批处理，然后出现了流处理。批处理主要是针对大量的小文件的处理，而流处理主要是针对大型文件的处理。可以想象一下，如果今天家里停水了，打开水龙头的时候，水断断续续地从水龙头中流出，此时水龙中流出的水可以理解为批处理数据；而没有停水的时候，打开水龙头，水持续地从水龙中流出，此时水龙中流出的水可以理解为流式数据。流式数据本身也具有顺序性和不可篡改的特性，其也是由很多的"小水滴"构成的，所以流式数据还是可以被切分成

鲲鹏云大数据服务与基础应用

数据块的。

批处理数据一般来说是针对大量小文件的，将数据处理完成之后，代表任务就结束了。对于流处理数据来说，主要有两种组成方式：一种是从少量的大文件中持续不断地输入数据从而构成流数据；另一种是业务持续存在，数据持续不断地从各个来源汇聚到引擎中构成数据流。两种流式数据使用哪一种的本质区别就在于数据的来源，分析业务主要是用户自身拥有大量的数据。互联网厂商由于本身数据量产生较小，所以更多的是依托于后者，也就是由底层用户产生数据，然后互联网厂商对数据进行汇总、分析构成流式数据。

每一个查询的操作都会产生一个结果集（Result Table）。每一个触发间隔，当新的数据新增到表中时，都会最终更新 Result Table。无论 Result Table 何时发生更新，都能将变化的结果写入一个外部的存储系统。

Structured Streaming 在 Output 阶段可以定义不同的数据写入方式，有如下 3 种。

（1）Complete Mode。整个更新的 Result Table 都会写入外部存储系统，整张表的写入操作都将由外部存储系统的连接器完成。

（2）Append Mode。当时间间隔触发时，只有在 Result Table 中新增加的数据行会被写入外部存储系统。这种方式只适用于 Result Table 中已经存在的内容不希望发生改变的情况下，如果已经存在的数据会被更新，则不适合适用此种方式。

（3）Update Mode。当时间间隔触发时，只有在 Result Table 中被更新的数据才会被写入外部存储系统。注意，Update Mode 和 Complete Mode 的不同之处在于，不更新的结果集不会被写入外部存储系统。

## 6.5.2 Structured Streaming 的计算模型示例

图 6-12 所示是 Structured Streaming 的计算模型示例，从图中可以清晰地看出不同的时间 Structured Streaming 对数据是如何处理的。

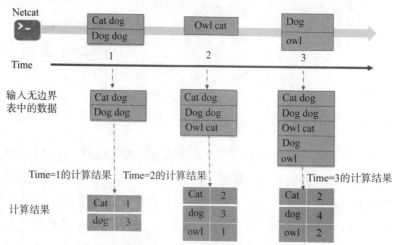

图 6-12　Structured Streaming 计算模型示例

·108·

## 6.6 Spark Streaming

### 6.6.1 Spark Streaming 介绍

Spark Streaming 的计算基于 DStream，将流式计算分解成一系列短小的批处理作业。图 6-13 所示为流式计算分解流程。

图 6-13 流式计算分解流程

Spark Streaming 的本质仍是基于 RDD 的计算，当 RDD 的某些分区(Partition)丢失时，可以通过 RDD 的血统机制重新恢复丢失的 RDD。

### 6.6.2 Spark Streaming 与 Storm 的对比

事实上，Spark Streaming 绝对谈不上比 Storm 优秀。这两个框架在实时计算领域中都很优秀，只是擅长的细分场景并不相同。Spark Streaming 仅在吞吐量上比 Storm 优秀。

对于 Storm 来说，建议在需要纯实时(即不能忍受 1 s 以上延迟)的场景下使用，例如实时金融系统，要求纯实时进行金融交易和分析。对于实时计算的功能中，要求有可靠的事务机制和可靠性机制，即数据的处理完全精准，一条也不能多，一条也不能少，也可以考虑使用 Storm。如果需要在高峰、低峰能动态调整实时计算程序的并行度，以便最大限度利用集群资源(通常是在小型公司，集群资源紧张的情况)，也可以考虑使用 Storm。一个大数据应用系统，就是纯粹的实时计算，如果不需要在中间执行 SQL 交互式查询、复杂的 Transformation 算子等，用 Storm 是比较好的选择。

如果对上述适用于 Storm 的 3 种场景都不满足，即不要求纯实时，不要求有强大可靠的事务机制，不要求能动态调整实时计算程序的并行度，那么可以考虑使用 Spark Streaming。由于 Spark Streaming 位于 Spark 生态技术栈中，因此它可以和 Spark Core、Spark SQL 无缝整合，也就意味着可以对实时处理出来的中间数据，立即在程序中无缝进行延迟批处理、交互式查询等操作。这个特点大大增强了 Spark Streaming 的优势和功能。Storm 与 Spark Streaming 的对比如表 6-1 所示。

表 6-1 Strom 与 Spark Streaming 的对比

| 项目 | Storm | Spark Streaming |
|---|---|---|
| 实时计算模型 | 纯实时，来一条数据，处理一条数据 | 准时时，将一个时间段内的数据收集起来，作为一个 RDD 再处理 |
| 实时计算延迟度 | 毫秒级 | 秒级 |
| 吞吐量 | 低 | 高 |

续表

| 项目 | Storm | Spark Streaming |
|------|-------|-----------------|
| 事务机制 | 支持完善 | 支持，但不够完善 |
| 容错制 | Zookeeper、Acker，非常强 | Chechpoint、WAL，一般 |
| 动态调整并行度 | 支持 | 不支持 |

## 6.7 本章总结

本章首先介绍了 Spark 的基本概念和应用场景；其次介绍了 Spark 原理与架构，Spark 通过操作 RDD 对象来并行操作集群上的分布数据，Spark 处理用户提交的应用程序时所采用的调度机制确保了 Spark 对系统资源的有效利用；最后介绍了 Spark 生态圈的其他技术，其中，Spark SQL 是 Spark 用来操作结构化数据和半结构化数据的模块，降低了编写程序的复杂性，Spark Streaming 则允许用户使用 Spark 对实时数据进行流计算。

## 习 题

### 一、选择题

1. 以下哪个模块降低了 Spark 应用程序的编写复杂性，特别是在处理结构化和半结构化数据时？（　　）

A. Spark Streaming

B. Spark SQL

C. Spark Core

D. RDD

2. Spark 通过操作（　　）对象来并行操作集群上的分布数据？

A. DataFrames

B. RDD

C. Spark Streaming

D. SparkSQL

3. RDD 和 DataFrame 最大的区别是（　　）。

A. 科学统计支持

B. 多了 Schema

C. 存储方式不一样

D. 外部数据源支持

4. Spark 中默认的存储级别是（　　）。

A. MEMORY_ONLY

B. MEMORY_ONLY_SER

C. MEMORY_AND_DISK

D. MEMORY_AND_DISK_SER

### 二、判断题

1. Spark 和 Hadoop 都不适用于迭代计算的场景。（　　）

2. Spark 应用运行时，如果某个 Task 运行失败，则会导致整个 APP 运行失败。（　　）

3. Spark SQL 提供了一个被称为 DataFrame 的编程抽象结构的数据模型。（　　）

4. RDD 的分区原则是分区的个数尽量等于集群中的 CPU 核心（Core）数目。（　　）

5. Spark 是专为大规模数据处理而设计的快速通用的计算引擎，它是由 Java 开发实现的。（　　）

**三、简答题**

1. 简述 Spark SQL 的工作流程。

2. 简述 RDD 的创建方式。

3. 简述 RDD 的依赖关系。

4. 简述 Spark 的部署方式。

5. 简述 RDD 转换为 DataFrame 的两种方法。

# 数据采集系统概述

当今社会，大数据的来源非常的多，例如各种终端（包括手机、计算机、手表、智能音响等）、各种信令（包括 LTE 信令、VOLTE 信令等）、各种传感器（包括温度传感器、湿度传感器、风力传感器等）。那么，如何将这些数据收集到大数据平台呢？

本章将介绍数据采集系统，核心内容是如何将数据采集到大数据平台，侧重点包括 Flume 与 Kafka 的设计架构与工作原理、Flume 与 Kafka 的关键特性，以及 Flume 与 Kafka 的区别和应用场景。

## 7.1 引 言

数据采集又称数据获取，是指利用一种装置从系统外部采集数据并输入系统内部。数据采集技术广泛应用于各个领域，如摄像头、麦克风，都是数据采集工具。

被采集的数据是已被转换为电信号的各种物理量，如温度、水位、风速、压力等，它们可以是模拟量，也可以是数字量。采集一般通过采样的方式，即隔一定时间（称采样周期）对同一点数据重复采集。采集到的数据大多是瞬时值，也可能是某段时间内的一个特征值。准确的数据测量是数据采集的基础。数据测量方法有接触式和非接触式，检测元件多种多样。无论哪种测量方法和检测元件，均以不影响被测对象状态和测量环境为前提，以保证数据的正确性。数据采集的含义很广泛，包括对面状连续物理量的采集。在计算机辅助制图、测图、设计中，对图形或图像的数字化过程也可称为数据采集，此时被采集的是几何量（或物理量，如灰度）数据。

在互联网快速发展的今天，数据采集已经被广泛应用于互联网及分布式领域，数据采集领域已经发生了重要的变化。首先，分布式控制应用场合中的智能数据采集系统在国内外已经取得了长足的发展；其次，总线兼容型数据采集插件的数量不断增加，与个人计算机兼容的数据采集系统的数量也在增加。国内外各种数据采集机先后问世，将数据采集带入了一个全新的时代。

### 7.1.1 数据采集的目的

数据采集即从传感器和其他待测设备等模拟和数字被测单元中自动采集信息。数据采集系统是结合基于计算机的测量软硬件产品来实现灵活的、用户自定义的测量系统。

数据采集的目的是测量电压、电流、温度、压力或声音等物理现象。基于 PC 的数据采集，通过模块化硬件、应用软件和计算机的结合进行测量。尽管数据采集系统根据不同的应用需求有不同的定义，但各个系统采集、分析和显示信息的目的都相同。数据采集系统整合了信号、传感器、激励器、信号调理、数据采集设备和应用软件。

### 7.1.2 数据采集的原理

在计算机广泛应用的今天，数据采集的重要性是十分明显的，它是计算机与外部物理世界连接的桥梁。各种类型信号采集的难易程度差别很大，实际采集时，噪声也可能带来一些麻烦。数据采集时，有一些基本原理要注意，还有更多的实际问题需要解决。

假设对一个模拟信号 $x(t)$ 每隔 $\Delta t$ 时间采样一次，时间间隔 $\Delta t$ 被称为采样间隔或采样周期，它的倒数 $1/\Delta t$ 被称为采样频率，用符号 $f_s$ 表示，单位是采样数 $/s$。$t = 0$、$\Delta t$，$2\Delta t$、$3\Delta t$ 对应的 $x(t)$ 的数值被称为采样值，所有 $x(0)$、$x(\Delta t)$、$x(2\Delta t)$ 都是采样值。根据采样定理，最低采样频率必须是信号频率的两倍。反过来说，如果给定了采样频率，那么能够正确显示信号且不发生畸变的最大频率称为奈奎斯特频率，它是采样频率的一半。如果信号中包含频率高于奈奎斯特频率的成分，那么信号将在直流和奈奎斯特频率之间发生畸变。

采样频率过低的结果是还原的信号的频率看上去与原始信号不同，这种信号畸变称为混叠。出现的混频偏差是输入信号的频率和最靠近采样频率整数倍的差的绝对值，采样的结果将会是低于奈奎斯特频率($f_s/2 = 50\text{ Hz}$)的信号可以被正确采样，而频率高于 50 Hz 的信号成分在采样时会发生畸变，分别产生了 30 Hz、40 Hz 和 10 Hz 的畸变频率 $f_2$、$f_3$ 和 $f_4$。

为了避免这种情况的发生，通常在信号被采集之前，通过一个低通滤波器将信号中高于奈奎斯特频率的信号成分滤去。这个滤波器称为抗混叠滤波器。

那么，应当怎样设置采样频率呢？可以首先考虑用采集卡支持的最大频率来设置采样频率，但是较长时间使用很高的采样频率可能会导致没有足够的内存或硬盘存储数据太慢。理论上设置的采样频率为被采集信号最高频率成分的两倍即可，实际工程中会选用5~10倍，有时为了较好地还原波形，甚至更高。

通常，信号采集后都要进行适当的信号处理，例如快速傅里叶变换(Fast Fourier Transform，FFT)等。这里对样本数有一个要求，即一般不能只提供一个信号周期的数据样本，而是希望有 5~10 个周期，甚至更多的数据样本。并且希望所提供的样本总数是整数个周期的倍数。但是我们并不知道，或者不确切知道被采信号的频率，所以采样频率不一定是信号频率的整倍数，也不能保证可以提供整数个周期的样本。数据采集卡、数据采集模块、数据采集仪表等都是数据采集工具。

### 7.1.3 现场采集

对大部分制造业企业来说，实现测量仪器的自动数据采集一直是一件令人烦恼的事情，即使仪器已经具有 RS232/485 等接口，但仍然无法实现自动化，这样不但工作繁重，也无法保证数据的准确性，管理人员得到的数据通常已经是滞后了一两天的数据。对于现场的不良产品信息及相关的产量数据来说，如何实现高效率、简洁、实时的数据采集更是一大难题。

## 7.2 Flume 与 Kafka 简介

Flume 是一个分布式的、高可靠且高可用的服务，用于有效地收集、聚合和移动大量的日志数据。它具有基于数据流的简单而灵活的体系结构，同时具有可调的可靠性机制和许多故障转移和恢复机制，是一种健壮的容错机制。它使用一个简单的可扩展数据模型，支持在线分析应用程序。

### 7.2.1 Flume 简介

Flume 是一种流式日志采集工具，具有对数据进行简单处理、实时日志、REST 消息、Thrift、Avro、Syslog、Kafka 等数据源上收集数据的能力。

Flume 适用于应用系统产生的日志采集，采集后的数据供上层应用分析，不适用于大量数据的实时数据采集(要求低延迟、高吞吐率)。

与其他开源日志收集工具 Scribe 相比，Flume 几乎不用用户开发，而 Scribe 需要用户另外开发 Client，Flume 每一种数据源均有相应的 Source 去读取或接收数据。

### 7.2.2 Flume 的功能

Flume 具备的功能有很多，如能够提供从固定目录下采集日志信息到目的地(HDFS、HBase、Kafka)的功能；提供实时采集日志信息到目的地的功能；具有支持级联(多个 Flume 对接起来)，合并数据的功能；具有支持按照用户定制采集数据的功能。Flume 图标如图 7-1 所示。

图 7-1　Flume 图标

### 7.2.3　Kafka 简介

**Kafka** 是一个高吞吐、分布式、基于发布订阅的消息系统，利用 Kafka 技术可在廉价 PC 服务器上搭建起大规模的消息系统。

**Kafka** 和其他组件相比，具有消息持久化、高吞吐、分布式、多客户端支持、实时等特性，适用于离线和在线的消息消费，如常规的消息收集、网站活性跟踪、聚合统计系统运营数据(监控数据)、日志收集等大量数据的互联网服务的数据收集场景，如图 7-2 所示。

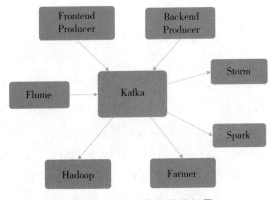

图 7-2　Kafka 数据收集场景

## 7.3　Flume 设计架构与工作原理

### 7.3.1　Flume 架构

(1)Flume 基础架构。Flume 可以单节点直接采集数据，主要应用于集群内数据，如图 7-3所示。

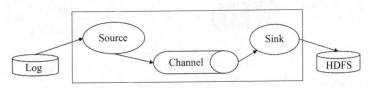

图 7-3　Flume 基础架构

(2)Flume 多 Agent 架构。Flume 可以将多个节点连接起来，将最初的数据源经过收集，存放到最终的存储系统中，主要应用于将集群外的数据导入集群内，如图 7-4 所示。

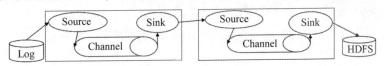

图 7-4　Flume 多 Agent 架构

下面介绍 Flume 中 event 的相关概念。Flume 的核心是把数据从数据源(Source)收集过来，再将收集到的数据送到指定的目的地(Sink)。为了保证数据能传输成功，在将数据送到目的地(Sink)之前，会先缓存数据(Channel)，待数据真正到达目的地(Sink)后，Flume 再删除自己缓存的数据。

在整个数据的传输过程中，流动的是 event，即事务保证是在 event 级别进行的。那么什么是 event 呢？event 将传输的数据进行封装，是 Flume 传输数据的基本单位。

Flume 数据流程图如图 7-5 所示，event 从 Source 流向 Channel，再到 Sink，本身为一个字节数组，并可携带 headers(头信息)。event 代表着一个数据的最小完整单元，从外部数据源来，向外部目的地去。

(1)ChannelSelector：通道选择器，主要作用是根据用户配置将数据放到不同的通道(Channel)中。

(2)ChannelProcessor：通道处理器，是一个关键组件，用于连接 Flume 的 Source(数据源)和 Sink(数据接收器)，充当了数据在 Flume Agent 内部流动的中间人角色。

(3)Channel：通道，主要作用是临时缓存数据。

(4)SinkRunner：Sink 运行器，主要作用是驱动 SinkProcessor、Sink。

(5)SinkProcessor：Sink 处理器，主要是根据用户配置使用不同的策略驱动 Sink 从 Channel 中取数据。策略有：负载均衡、故障转移、直通。

(6)Sink：主要作用是从 Channel 中取出数据并将数据放到不同的目的地。

(7)event：一个数据单元，带有一个可选的消息头，Flume 传输的数据基本单位是 event，对于文本文件等数据，通常将一行记录视为一个事件，这也是事务的基本单位。

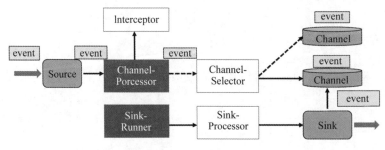

图 7-5　Flume 数据流程图

### 1. Flume——Source

Source 负责接收 event 或通过特殊机制产生 event，并将 event 批量放到一个或多个 Channel。Source 分为驱动和轮询两种类型。

(1)驱动型 Source：外部主动发送数据给 Flume，驱动 Flume 接受数据。

(2)轮询 Source：Flume 周期性地主动获取数据。

Source 必须至少和一个 Channel 关联。Source 类型如表 7-1 所示。

表 7-1 Source 类型

| Source 类型 | 说明 |
| --- | --- |
| Exec Source | 执行某个命令或脚本，并将执行结果的输出作为数据源 |
| Avro Source | 提供一个基于 Avro 协议的 Server，捆绑到某个端口上，等待 Avro 协议客户端发过来的数据 |
| Thrift Source | 同 Avro，不过传输协议为 Thrift |
| HTTP Source | 支持 HTTP 的 Post 请求发送数据 |
| Syslog Source | 采集系统 Syslog |
| Spooling Directory Source | 采集本地静态文件 |
| JMS Source | 从消息队列获取数据 |
| Kafka Source | 从 Kafka 中获取数据 |

**2. Flume——Channel**

Channel 位于 Source 和 Sink 之间，其作用类似队列，用于临时缓存进来的 event。当 Sink 成功地将 event 发送到下一跳的 Channel 或最终目的地时，event 从 Channel 移除。

不同的 Channel 提供的持久化水平是不一样的，具体如下。

（1）MemoryChannel：不会持久化，消息存放在内存中，提供高吞吐，但不提供可靠性，可能丢失数据。

（2）FileChannel：基于 WAL 实现，对数据持久化，但是配置较为麻烦，需要配置数据目录和 CheckPoint 目录，不同的 FileChannel 均需要配置一个 CheckPoint 目录。

（3）JDBCChannel：基于嵌入式 Database 实现，内置的 Derby 数据库对 event 进行了持久化，提供高可靠性，可以取代同样具有持久特性的 FileChannel。

Channel 支持事务，提供较弱的顺序保证，可以连接任何数量的 Source 和 Sink。

Flume 的 Channel 数据在传输到下一个环节(通常是批量数据)时，如果出现异常，则回滚这一批数据，此时数据还存在于 Channel 中，等待下一次重新处理。

**3. Flume——Sink**

Sink 负责将 event 传输到下一跳或最终目的地，成功完成后将 event 从 Channel 移除。Sink 必须作用于一个确切的 Channel。

Flume 之所以这么高效，是源于它自身的一个设计，这个设计就是 Agent。Agent 本身是一个 Java 进程，运行在日志收集节点(日志收集节点就是服务器节点)。

Agent 里面包含 3 个核心的组件：Source、Channel、Sink，类似生产者、仓库、消费者的架构。

（1）Source：专门用来收集数据的组件，可以处理各种类型、各种格式的日志数据，包括 Avro、Thrift、Exec、JMS、SpoolingDirectory、Netcat、SequenceGenerator、Syslog、HTTP、Legacy、自定义。

（2）Channel：Source 组件将收集的数据临时存放在 Channel 中，即 Channel 组件在 Agent 中是专门用来存放临时数据的，对采集到的数据进行简单的缓存，数据可以存放在 Memory、JDBC、File 中等。

（3）Sink：用于把数据发送到目的地的组件，目的地包括 HDFS、Logger、Avro、

Thrift、IPC、File、Null、Hbase、Solr、自定义。

Flume 的核心就是一个 Agent，这个 Agent 对外有两个进行交互的地方：一个是接受数据的输入 Source，另一个是数据的输出 Sink。Sink 负责将数据发送到外部指定的目的地，Source 接收到数据之后，将数据发送给 Channel，Channel 作为一个数据缓冲区会临时存放这些数据，随后 Sink 会将 Channel 中的数据发送到指定的目的地，如 HDFS 等。需要注意的是，只有在 Sink 将 Channel 中的数据成功发送出去之后，Channel 才会将临时数据进行删除，这种机制保证了数据传输的可靠性与安全性。

### 7.3.2 Flume 工作原理

Flume 支持将集群外的日志文件采集并归档到 HDFS、HBase、Kafka 上，供上层应用分析、清洗数据。

Flume 支持将多个 Flume 级联起来，同时级联节点内部支持数据复制。

Flume 级联节点之间的数据传输支持压缩和加密，从而提升数据传输效率和安全性。

Flume 在传输数据过程中，如果下一跳的 Flume 节点故障或数据接受异常，可以自动切换到另外一条路径上继续传输。

## 7.4 Kakfa 设计架构与工作原理

### 7.4.1 Kafka 架构

一个典型的 Kafka 集群中包含若干 Producer(可以是 Web 前端产生的 PageView，或者是服务器日志，系统 CPU、Memory 等)，若干 Broker(Kafka 支持水平扩展，一般 Broker 数量越多，集群吞吐率越高)，若干 Consumer，以及一个 Zookeeper 集群。Kafka 通过 Zookeeper 管理集群配置，选举 Leader，以及在 Consumer 发生变化时进行 Rebalance。Producer 使用 Push 模式将消息发布到 Broker，Consumer 使用 Pull 模式从 Broker 订阅并消费消息。Kafka 架构如图 7-6 所示。

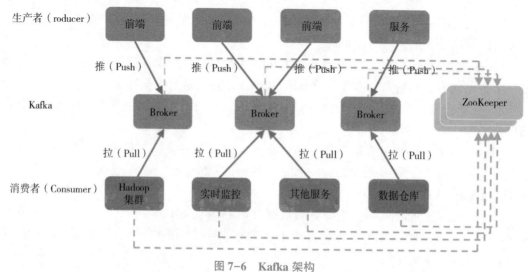

图 7-6　Kafka 架构

1. 数据组织

（1）Broker：Kafka 集群包含一个或多个服务实例，这些服务实例被称为 Broker。

（2）Topic：每条发布到 Kafka 集群的消息都有一个类别，这个类别被称为 Topic，也可以理解为一个存储消息的队列。例如，天气作为一个 Topic，每天的温度消息就可以存储在"天气"这个队列里。Kafka Topic 的功能如图 7-7 所示。

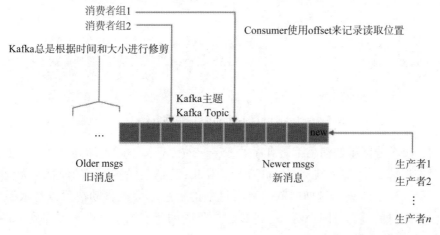

图 7-7　Kafka Topic 的功能

Kafka 将 Topic 分成一个或多个分区，每个分区在物理上对应一个文件夹，该文件夹下存储这个分区的所有消息。

每个 Topic 都由一个或多个分区构成。每个分区都是有序且不可变的消息队列。引入分区机制保证了 Kafka 的高吞吐能力。图 7-8 所示为 Kafka 并行读取 Partition 数据的能力。

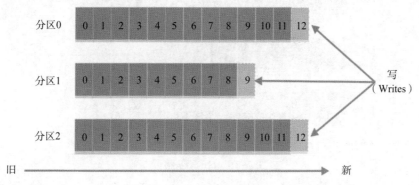

图 7-8　Kafka 并行读取分区数据

Topic 的分区数量可以在创建时配置。分区数量决定了每个 Consumer Group 中并发消费者的最大数量。Consumer Group A 有两名消费者来读取 4 个分区中的数据；Consumer Group B 有 4 名消费者来读取 4 个分区中的数据。

图 7-9 所示为 Consumer Group 消费数据方式。Kafka 中的 Consumer Group（消费者组）是一种消费数据的方式，它允许多个消费者协作来消费 Kafka 主题中的数据流。每个消费者组可以包含一个或多个消费者，而且消费者组内的消费者之间共享主题中的分区以实现负载均衡和高可用性。

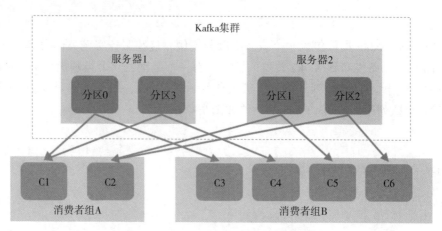

图 7-9　Consumer Group 消费数据方式

可以看到，每个分区中的消息都是有序的，生产的消息被不断追加到分区 Log 上，其中的每一条消息都被赋予了一个唯一的 offset 值。Kafka 集群会保存所有的消息，无论消息是否被消费，可以设定消息的过期时间，只有过期的消息才会被自动清除以释放磁盘空间。例如，设置消息的过期时间为两天，那么这两天内的所有消息都会被保存到 Kafka 集群中，消息只有超过了两天才会被清除。

任何发布到分区的消息都会被直接追加到 Log 文件的尾部。

每条消息在文件中的位置称为 offset（偏移量），offset 是一个长整型数字，它唯一标记一条消息。消费者通过 offset、分区、Topic 跟踪记录。offset 偏移量如图 7-10 所示。

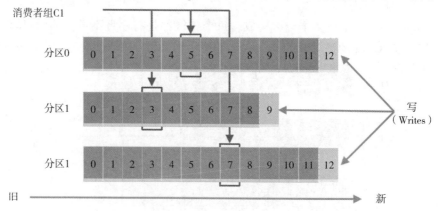

图 7-10　offset 偏移量

Kafka 需要维持的元数据只有一个，那就是消费者在分区中的 offset 值。每当消费者成功消费一条消息，它的偏移量就会自动递增 1。其实消息的状态完全是由 Consumer 控制的，Consumer 可以跟踪和重设这个 offset 值，这样 Consumer 就可以读取任意位置的消息。

把消息日志以分区的形式存放有多重考虑：一是方便在集群中扩展，每个分区可以通过调整以适应它所在的机器，而一个 Topic 又可以由多个分区组成，因此整个集群就可以适应任意大小的数据了；二是可以提高并发，因为可以以分区为单位读写了。

2. 数据副本

副本以分区为单位。每个分区都有各自的主副本和从副本。主副本称为 Leader，从副本称为 Follower,处于同步状态的副本称为 In-Sync Replicas(ISR)。Follower 通过拉取的方式从 Leader 中同步数据。Consumer 和 Producer 都是从 Leader 中读写数据的,不与 Follower 交互。

为了提高 Kafka 的容错性,Kafka 支持分区的复制策略,可以通过配置文件配置分区的副本个数。Kafka 针对分区的复制同样需要选出一个 Leader,同时由该 Leader 负责分区的读写操作,其他副本节点只是负责数据的同步。如果 Leader 失效,那么将会有其他 Follower 来接管(成为新的 Leader),如果由于 Follower 自身的性能,或者网络原因导致同步的数据落后 Leader 太多,当 Leader 失效后,就不会将这个 Follower 选为 Leader。由于 Leader 的 Server 承载了全部的请求压力,因此从集群的整体考虑,Kafka 会将 Leader 均衡地分散在每个实例上,来确保整体的性能稳定。一个 Kafka 集群各个节点间可能互为 Leader 和 Flower。

图 7-11 所示为 Kafka Cluster 的架构。Kafka 中每个 Broker 启动时都会创建一个副本管理服务 ReplicaManager,该服务负责维护 ReplicaFetcherThread 线程与其他 Broker 的链路连接关系。该 Broker 中存在的 Follower 分区对应的 Leader 分区分布在不同的 Broker 上,这些 Broker 创建相同数量的 ReplicaFetcherThread 线程同步对应分区数据。Kafka 中分区间复制数据是由 Follower(扮演 Consumer 角色)主动向 Leader 获取消息,Follower 每次获取消息都会更新 HW(HighWatermark,用于记录当前最新消息的标识)状态。每当 Follower 的分区发生变更而影响 Leader 所在的 Broker 时,ReplicaManager 就会新建或销毁相应的 ReplicaFetcherThread。

(1)Producer:负责发布消息到 KafkaBroker。

(2)Consumer:消息消费者,从 Kafka 的 Broker 读取消息的客户端。

(3)Consumer Group:每个 Consumer 属于一个特定的 Consumer Group(可为每个 Consumer 指定 GroupName)。

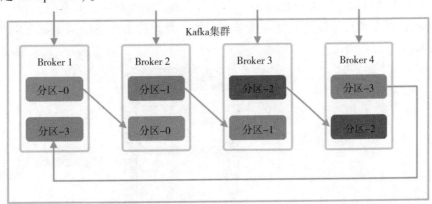

图 7-11 Kafka Cluster

## 7.4.2 Kafka 特性

1. 压缩

Kafka 支持以集合(Batch)为单位发送消息,在此基础上,Kafka 还支持对消息集合进行压缩,Producer 端可以通过 GZIP 或 Snappy 格式对消息集合进行压缩。Producer 端对消息集合进行压缩之后,在 Consumer 端需进行解压。压缩的好处就是减少传输的数据量,减轻对网络传输的压力。

那么，如何区分消息是压缩的还是未压缩的呢？Kafka 在消息头部添加了一个描述压缩属性的字节，这个字节的后两位表示消息的压缩采用的编码，如果后两位为 0，则表示消息未被压缩。

2. 消息的可靠性

在消息系统中，保证消息在生产和消费过程中的可靠性是十分重要的，在实际消息的传递过程中，可能会出现如下 3 种情况：消息发送失败；消息被发送多次，最理想的情况是 Exactly-Once；消息发送成功且仅发送了一次。

有许多系统声称它们实现了 Exactly-Once，但是它们忽略了 Producer 或 Consumer 在生产和消费过程中可能出现失败的情况。例如，虽然一个 Producer 成功发送一条消息，但是消息在发送过程中丢失，或者成功发送到 Broker，也被 Consumer 成功取走，但是 Consumer 在处理取过来的消息时失败了。

从 Producer 端看，Kafka 是这么处理的：当一条消息被发送后，Producer 会等待 Broker 成功接收到消息的反馈(可通过参数控制等待时间)，如果消息在发送过程中丢失或其中一个 Broker 发生故障，那么 Producer 会重新发送消息(Kafka 有备份机制，可以通过参数控制是否等待所有备份节点都收到消息)。

从 Consumer 端看，前面讲到过 Partition、Broker 端记录了 Partition 中的一个 offset 值，这个值指向 Consumer 下一条即将消费消息。当 Consumer 收到了消息，但却在处理过程中发生故障，此时 Consumer 可以通过这个 offset 值重新找到上一条消息再进行处理。Consumer 还有权限控制这个 offset 值，对持久化到 Broker 端的消息做任意处理。

备份机制是 Kafka0.8 版本的新特性，备份机制的出现大大提高了 Kafka 集群的可靠性和稳定性。有了备份机制后，Kafka 允许集群中的节点在发生故障后而不影响整个集群的工作。一个备份数量为 $n$ 的集群允许 $n-1$ 个节点失效。在所有备份节点中，有一个节点作为 Lead 节点，这个节点保存了其他备份节点列表，并维持各个备份间的状态同步。Kafka 备份机制如图 7-12 所示。

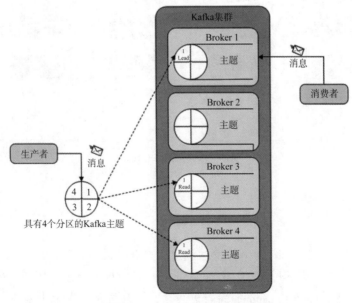

图 7-12　Kafka 备份机制

### 7.4.3 KafkaLog

为了能线性提高 Kafka 的吞吐率，物理上把 Topic 分成一个或多个 Partition，每个 Par-tition 在物理上对应一个文件夹，该文件夹下存储 Partition 的所有消息和索引文件。Kafka 把 Topic 中一个 Parition 大文件分成多个小文件段，通过多个小文件段，就容易定期清除或删除已经消费完的文件，减少磁盘占用。Kafka Log 后端位置如图 7-13 所示。

```
-rw------- 1 omm wheel       0 Jun 10 11:58 .lock
drwx------ 2 omm wheel    4096 Jun 12 14:59 example-metric1-0
drwx------ 2 omm wheel     102 Jun 13 17:57 recovery-point-offset-checkpoint
-rw------- 1 omm wheel     107 Jun 13 17:58 replication-offset-checkpoint
drwx------ 2 omm wheel    4096 Jun 12 10:52 test-0
drwx------ 2 omm wheel    4096 Jun 12 10:52 test-1
drwx------ 2 omm wheel    4096 Jun 12 11:08 test2-0
drwx------ 2 omm wheel    4096 Jun 12 11:08 test2-2
drwx------ 2 omm wheel    4096 Jun 12 14:59 test3-0
drwx------ 2 omm wheel    4096 Jun 12 14:59 test3-1
drwx------ 2 omm wheel    4096 Jun 12 14:59 test4-0
drwx------ 2 omm wheel    4096 Jun 12 14:59 test4-1
-rw------- 1 omm wheel 10485760 Jun 13 13:44 00000000000000000000.index
-rw------- 1 omm wheel  1081187 Jun 13 13:45 00000000000000000000.log
```

图 7-13　Kafka Log 后端位置

### 7.4.4 Kafka 索引

图 7-14 所示为 Kafka 索引，Kafka 索引是其必不可少的功能，通过索引信息可以快速定位消息。通过将 Index 元数据全部映射到 Memory，可以避免 SegmentFile 的 I/O 磁盘操作。通过索引文件稀疏存储，可以大幅降低 Index 文件元数据占用的空间大小。

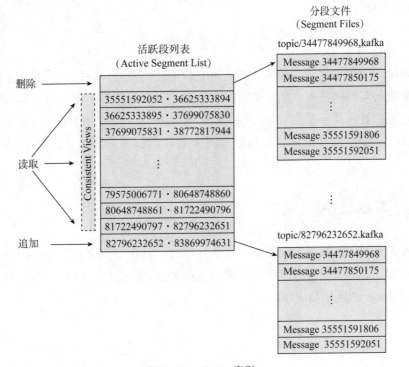

图 7-14　Kafka 索引

## 7.5 Flume 与 Kafka 的区别与应用场景

### 7.5.1 Flume 与 Kafka 的区别

Flume 与 Kafka 有以下几个方面的不同。

（1）Kafka 和 Flume 都是日志系统。Kafka 是分布式消息中间件，自带存储，提供 Push 和 Pull 存取数据功能。而 Flume 分为 Agent（数据采集器）、Collector（数据简单处理和写入）、Storage（存储器）3 个部分，每一部分都是可以定制的。

（2）Kafka 更适合进行日志缓存，但是 Flume 的数据采集部分做得很好，可以定制很多数据源，减少开发量，因此"Kafka+Flume"模式比较流行。采集层主要可以使用 Flume、Kafka 两种技术。

（3）Kafka 是一个非常通用的系统，可以有许多 Producer 和 Consumer 共享多个主题。相比之下，Flume 是一个专用工具，被设计为向 HDFS、HBase 发送数据。它对 HDFS 有特殊的优化，并且集成了 Hadoop 的安全特性。因此，Cloudera 建议：如果数据被多个系统消费，则使用 Kafka；如果数据被设计供 Hadoop 使用，则使用 Flume。

（4）Flume 可以使用拦截器实时处理数据，而 Kafka 需要外部的流处理系统才能做到。

（5）Kafka 和 Flume 都是可靠的系统，通过适当的配置能保证数据零丢失，然而 Flume 不支持副本事件。因此，如果 Flume 代理的一个节点挂掉了，即使使用了可靠的文件管道方式，也将丢失这些事件直到恢复这些磁盘。如果需要一个高可靠性的管道，那么使用 Kafka 是一个更好的选择。

### 7.5.2 Flume 与 Kafka 的应用场景

在考虑单一应用场景时，通常从简化系统的角度出发是合理的，因为这可以降低复杂性并提高系统的可维护性和性能。然而，为了满足未来业务的扩展需求，也需要在系统设计中保留一定的灵活性。使用"Flume + Kafka"架构相对于仅使用 Kafka 可能会多占用 1~2 台机器来进行 Flume 的日志采集，但这为将来的日志数据处理方式扩展提供了更大的灵活性。

## 7.6 本章总结

本章首先介绍了数据采集的概念、目的和原理，其次分别介绍了 Flume 和 Kafka 的基本概念以及 Flume 的作用，再次介绍了 Flume 和 Kafka 的设计架构与工作原理，最后介绍了 Flume 与 Kafka 的区别与应用场景。

## 习　题

### 一、选择题

1. 以下关于 Kafka 的说法，不正确的是(　　)。

A. Kafka 强依赖于 Zookeeper

B. Kafka 部署的实例个数不得小于两个

C. Kafka 的服务端可以产生消息

D. Consumer 作为 Kafka 的客户端角色进行消息的消费

2. Flume 用户级联时，接受上一跳的 Fume 发送过来的数据的 Sink 类型是(　　)。

A. Avro Sink　　　　　B. Thrift Sink　　　　C. HDFS Sink　　　　D. null Sink

3. 以下关于 Flume 的描述，不正确的是(　　)。

A. 一个 Agent 中可以包含多个 Source、Channel 和 Sink

B. 一个 Sink 可以绑定多个 Channel

C. 一个 Source 可以指定多个 Channel

D. Agent 是 Flume 的核心

4. 在 Kafka 集群中，Kafka 服务端部署的角色是(　　)。

A. Producer　　　　　B. Consumer　　　　　C. Zookeeper　　　　D. Broker

5. 以下关于 Kafka 的基本概念的描述，错误的是(　　)。

A. Kafka 集群包含一个或多个服务实例，这些服务实例被称为 Broker

B. 每条发布到 Kafka 集群的消息都有一个类别，这个类别称为 Topic

C. 每个 Consumer 属于多个的 Consumer Group

D. Kafka 将 Topic 分成一个或多个 Partition，每个 Partition 在物理上对应一个文件夹，该文件夹下存储这个 Partition 的所有消息

### 二、简答题

1. 简述 Flume 的 3 个组件及其功能。

2. Flume 的 event 是什么?

3. Flume 的 Sink 有哪些?

4. 简述 Kafka 与 HDFS 的区别。

5. 简述 Kafka 的 Partition 的作用。

# 第 8 章 鲲鹏 BigData Pro 综合案例

在前面的章节中，我们已经学习了很多大数据的组件，读者对此可能会有很多的困惑。例如，组件繁多且记忆困难，组件的应用场景是什么，在真实项目中如何使用这些组件等。

本章会通过项目的形式来解决这些问题。本章的内容包括大数据日志分析综合项目分析、TPC-DS 测试集基础知识、YCSB 测试工具基础知识、HiBench 测试套件基础知识，以及大数据平台的监控。

## 8.1 引言

项目一词最早出现于 20 世纪 50 年代，是指在一定的约束条件下（主要是限定时间、限定资源）具有明确目标的一次性任务。

项目是一件事情，一项独一无二的任务，也可以理解为是在一定的时间和一定的预算内所要达到的预期目的。项目侧重于过程，它是一个动态的概念。例如，可以把一条高速公路的建设过程视为项目，但不可以把高速公路本身称为项目。那么，到底什么样的活动可以称为项目呢？安排一个演出活动，开发和介绍一种新产品，策划一场婚礼，涉及和实施一个计算机系统，进行工厂的现代化改造，主持一次会议等，这些在日常生活中经常遇到的事情都可以称为项目。

### 8.1.1 项目与日常运作的区别

如果说项目没有其特殊性，那么项目管理也就失去了存在的意义。

为了能更好地理解项目的内涵，可以从表 8-1 中了解项目与日常运作的区别。

表 8-1　项目与日常运作的区别

| 比较类别 | 项目 | 日常运作 |
| --- | --- | --- |
| 目的 | 特殊的 | 常规的 |
| 责任人 | 项目经理 | 部门经理 |
| 时间 | 有限的 | 相对无限的 |

续表

| 比较类别 | 项目 | 日常运作 |
|---|---|---|
| 管理方法 | 风险型 | 确定型 |
| 持续性 | 一次性 | 重复性 |
| 特性 | 独特性 | 普遍性 |
| 组织机构 | 项目组织 | 职能部门 |
| 考核指标 | 以目标为导向 | 效率和有效性 |
| 资源需求 | 多变性 | 稳定性 |

## 8.1.2 项目的基本特征

项目具有以下几个典型特征。

### 1. 一次性

这是项目与日常运作的最大区别。项目有明确的开始时间和结束时间，项目在此之前从来没有发生过，而且将来也不会在同样的条件下再发生，而日常运作是无休止或重复的活动。

### 2. 独特性

每个工程项目都具有特定的建设时间、地点和条件，其实施都会涉及某些以前没有做过的事情，所以它总是独特的。

### 3. 目标的明确性

每个项目都有自己明确的目标，为了在一定的约束条件下达到目标，项目经理在项目实施前必须进行周密的计划。事实上，项目实施过程中的各项工作都是为达到项目的预定目标而进行的。

### 4. 组织的临时性和开放性

项目组织在项目的全过程中，其人数、成员、职责是在不断变化的。某些项目组织的成员是借调来的，项目终结时组织要解散，人员要转移。参与项目的组织往往有多个，甚至几十个或更多。它们通过协议或合同以及其他社会关系组织到一起，在项目的不同时段，不同程度地介入项目活动。可以说，项目组织没有严格的边界，是临时性的、开放性的。这一点与一般企业、事业单位和政府机构组织很不一样。

### 5. 后果的不可挽回性

项目具有较大的不确定性，它的过程是渐进的，潜伏着各种风险。它不像某些事情可以试做，或者失败了可以重来，即项目具有不可逆转性。

## 8.1.3 项目的相关术语

### 1. 大型项目(Program)

它通常由若干个相互联系或相似的项目组成，是以协调的方式进行管理，以获得单个项目不可能得到的利益的一组项目，也称为项目群。例如，三峡水利工程就是一个项目群，它由若干个项目构成。通常大型项目的规模特别大，持续时间也相当长。大型项目具有与项目相同的特征，也可能包括运作的成分。

**2. 项目（Project）**

它是大型项目的组成部分。

**3. 子项目（Subproject）**

它是一个项目中更小的、更易于管理的部分。子项目与项目的特征相同，一般被视为项目，通常是指外包给一个外部企业的一个单元，并按项目进行管理。

子项目又常常分包给外部的承包商或内部的其他职能单位。

子项目有以下几种类型：根据项目过程规定的子项目，例如一个项目阶段；根据人力资源技能要求规定的子项目，例如施工项目中的管道或电气设备的安装；需要使用技术的子项目，例如软件开发项目中的计算机程序自动测试。

大型项目、项目和子项目的关系如下：一个大型项目可以包括很多项目和一些运作管理，一个项目可以包括若干个子项目，子项目是项目的最小实施部分。

大型项目、项目和子项目的关系如图 8-1 所示。

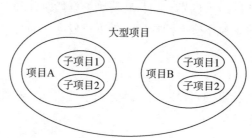

图 8-1　大型项目、项目和子项目的关系

## 8.2　大数据日志分析综合项目分析

**1. 数据开发流程**

图 8-2 所示为数据开发流程。数据开发流程通常包括 5 个步骤，确保数据能够从源头采集到最终用于分析和可视化的阶段。

（1）数据采集。

①确定数据来源：明确定义要从哪里获取数据，如数据库、日志文件、API、传感器等。

②数据抽取：从数据源中抽取所需数据，可以使用 ETL 工具或编写自定义脚本来执行此操作。

③数据传输：将抽取的数据传输到数据处理环境，通常使用数据传输工具或协议，如 Kafka、Flume、HTTP 等。

（2）数据清洗。

①数据清洗和预处理：对原始数据进行清洗，处理缺失值、重复值、异常值和格式问题。这有助于确保数据质量。

②数据转换：根据需求对数据进行转换，如合并、拆分、重命名列，以适应后续分析

的需要。

③数据验证：验证数据是否符合业务规则和逻辑，以确保数据的准确性和一致性。

（3）数据分析。

①数据探索：使用数据分析工具（如 Python、R、SQL）探索数据，了解数据的特征、趋势和关联性。

②数据建模：根据业务问题和目标，建立统计模型、机器学习模型或数据挖掘模型。

③数据分析：执行分析任务，获取有关业务问题的见解和结论。

（4）数据入库。

①数据存储：将清洗和转换后的数据存储到目标数据仓库、数据库或数据湖中，如 Hadoop HDFS、Amazon S3、MySQL、PostgreSQL 等。

②数据建模：根据分析需求，设计和建立数据库表、数据模型或数据集。

（5）数据可视化。

①可视化设计：创建数据可视化图表、仪表板或报告，以直观地传达分析结果。

②可视化工具：使用可视化工具（如 Tableau、Power BI、Matplotlib、D3.js）来生成交互式可视化。

③分享和发布：分享和分发可视化结果，确保决策者和团队能够利用数据洞察来制定决策。

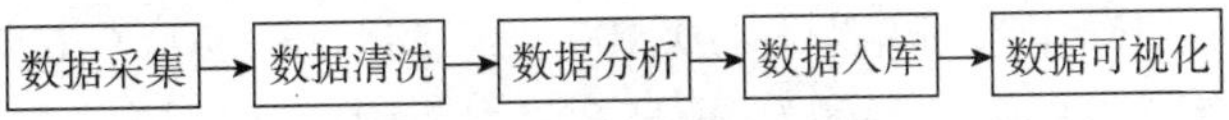

数据采集 → 数据清洗 → 数据分析 → 数据入库 → 数据可视化

图8-2　数据开发流程

2. 项目需求

在现代网络生态中，网站的成功运营不仅依赖于吸引访问者，还需要深入了解他们的行为和偏好。为了实现这一目标，统计网站访问日志中每个浏览器的访问次数已经成为了一项关键任务。这个过程不仅有助于了解用户使用的浏览器类型，还可以为网站管理员提供有价值的信息，以改进用户体验、优化网站性能以及确保跨浏览器兼容性。

为了收集有关访问者的浏览器信息，网站管理员首先需要定期记录用户访问日志。这些日志包含了每个访问请求的详细信息，其中包括用户代理字符串（User-Agent），这是一个包含了浏览器类型、版本和操作系统信息的文本。接着开发一个数据处理流程，以解析这些日志并提取出用户代理字符串。这可以通过编写自动化脚本或使用专业的日志分析工具来实现。一旦这些信息被提取出来，它们就可以被存储到一个数据仓库中，如数据库或数据文件。一旦浏览器信息被存储，统计分析可以开始。这包括对每个不同浏览器的访问次数进行计数。这可以通过编写脚本或使用数据分析工具来实现。可以选择按照浏览器名称和版本号来进行分类，以获得更详细的洞察。

为了使这些数据有意义，可以将其可视化为图表或报告。数据可视化有助于直观地理解不同浏览器的访问趋势，从而为网站优化和改进提供指导。

3. 日志类型示例

183.162.52.7--［10/Nov/2016:00:01:02+0800］" POST /api3/getadv HTTP/1.1" 200 813 " www.zhiqiantong.com" " -" cid = 0&timestamp = 1478707261865&uid = 2871142&

marking = androidbanner&secrect = a6e8e14701ffe9f6063934780d9e2e6d&token = f51e97d1cb1a9caac669ea8acc162b96 "zhiqiangtong/5. 0. 0（Android 5. 1. 1；Xiaomi Redmi 3 Build/LMY47V），Network 2G/3G" "-" 10. 100. 134. 244：80 200 0. 027 0. 027。

"183 162 52 7--"通常是关于客户端的 IP 地址和身份验证信息。在这个例子中，"183 162 52 7"可能代表客户端的 IP 地址。"［10/Nov/2016：00：01：02+0800］"是时间戳，表示请求发生的日期和时间。在这个例子中，请求发生在 2016 年 11 月 10 日的 00：01：02，时区偏移为+0800。""POST /api3/getadv HTTP/1. 1""是 HTTP 请求的方法、请求的 URL 以及 HTTP 协议版本。在这个例子中，客户端发送了一个 HTTP POST 请求到""/api3/getadv""。"200"是 HTTP 响应状态码，表示请求成功。HTTP 状态码 200 通常表示请求已成功处理。"813"可能是响应的内容长度（以字节为单位），表示服务器返回的数据的大小。""www. zhiqiangtong. com""是请求中的主机名或域名，表示客户端正在请求的网站。"-"两个短横线之间的内容通常是有关 HTTP 请求的引用或来源的信息，但在这个例子中未提供。"cid = 0&timestamp = 1478707261865&uid = 2871142&marking = androidbanner&secret = a6e8e14701ffe9f6063934780d9e2e6d&token = f51e97d1cb1a9caac669ea8aac162b96"是 HTTP 请求中的查询参数，包含了多个键值对，用于向服务器传递额外的信息。""zhiqiangtong/5. 0. 0（Android 5. 1. 1；Xiaomi Redmi 3 Build/LMY47V）Netwok 2G/3G""是用户代理字符串（User-Agent），提供了关于客户端设备和浏览器的信息。这里指示了客户端使用的设备和浏览器的类型、版本和操作系统。"" - 10. 100. 134. 244：80 200 0. 027 0. 027""包含了有关服务器响应的信息，包括服务器的 IP 地址和端口、响应状态码、响应时间等。

接下来就应该观察样例数据，查看数据的格式包括哪些字段，哪些字段是必须的。例如，有些字段存在缺失值，应该对数据进行数据清洗，保证数据的整洁。在观察好数据以及清洗数据之后，就可以着手编写样例代码，反复测试代码，直到达到需求的目标。

编写代码其实不限制用编程语言进行编写，可以根据项目的要求或自身具备的编程能力来做选择。由于做的是大数据项目，因此数据量非常大，应该使用大数据框架。根据前面章节学习的内容，应该使用 MapReduce 或 Spark 来解决数据处理问题。

4. 统计结果

根据项目需求和日志类型，需要提取每条日志的浏览器标识，并使用 MR 或 Spark 计算引擎进行浏览器访问次数的统计。下面是我们得到的统计结果。

| | |
|---|---|
| Chrome | 2775 |
| Firefox | 327 |
| MSIE | 78 |
| Safari | 115 |
| Unknown | 6705 |

得到分析结果之后，还没有结束。在真实的项目中，样例数据通过测试之后，还需要将代码放到大量的数据中进行一个月时间的测试，用来测试代码的健壮性。假如代码维持一个月运行状态没有报错，那么就可以上线到真正的项目中。在此期间，如果代码出现了问题，则应该反复循环优化代码。根据项目的需求规定的项目时间越长，测试运维的时间就越长；项目的时间越短，测试运维的时间就越短。

# 8.3 测试集基础知识

为了提升组件的性能，往往需要对其进行优化。想要优化组件就需要海量的数据。但是在真实的项目中进行组件的优化会影响项目的进度，所以可以使用测试集来优化每一个组件，提升组件的性能。

## 8.3.1 TPC-DS测试集基础知识

TPC-DS采用星形、雪花形等多维数据模式。它包含7张事实表，17张纬度表平均每张表，含有18列。其工作负载包含99个SQL查询，覆盖SQL 99和SQL 2003的核心部分以及OLAP。这个测试集包含对大数据集的统计、报表生成、联机查询、数据挖掘等复杂应用。测试用的数据和值是有倾斜的，与真实数据一致。SQL案例非常复杂，需要处理大量数据，并且测试案例涵盖了各种业务模型，如分析报告型、迭代式的联机分析型和数据挖掘型等，几乎所有的测试案例都有很高的I/O负载和CPU计算需求。可以说TPC-DS是与真实场景非常接近的一个测试集，也是难度较大的一个测试集。

TPC-DS是一个与真实场景非常接近的测试集，用于衡量多个不同Hadoop版本及SQL on Hadoop技术的性能。

TPC-DS的这个特点与大数据的分析挖掘应用非常类似。Hadoop等大数据分析技术也是对海量数据进行大规模的数据分析和深度挖掘，也包含交互式联机查询和统计报表类应用，同时大数据的数据质量也较低，数据分布是真实而不均匀的。因此，TPC-DS成为客观衡量多个不同Hadoop版本以及SQL on Hadoop技术的最佳测试集。

## 8.3.2 YCSB测试工具基础知识

YCSB的英文全称为Yahoo! Cloud Serving Benchmark，是雅虎公司的一个用来对云服务进行基础测试的工具，目标是希望有一个标准的工具来衡量不同数据库的性能。YCSB做了很多优化来提高客户端性能，例如在数据类型上用了最原始的比特数组以减少数据对象本身创建转换所需的时间等。

YCSB是对于数据库的性能测试框架，可以用于测试HBase。

1. YCSB的主要特性

（1）YCSB支持常见的数据库读写操作，如插入、修改、删除、读取。

（2）多线程支持：YCSB用Java实现，具有很好的多线程支持。

（3）灵活定义场景文件：可以通过参数灵活地指定测试场景，如100%插入、50%读50%写等。

（4）YCSB支持多种数据请求分布方式，以模拟不同的应用场景和访问模式，包括随机分布、Zipfian分布（其中少量数据受到大量访问请求的情况）以及最新数据分布等。

（5）可扩展性：可以通过扩展Workload的方式来修改或扩展YCSB的功能。

### 8.3.3 HiBench 测试套件基础知识

HiBench 是 Intel 为评估各大数据框架而设计的大数据基准套件，它可以用来测试 Hadoop 集群对于常见计算任务的性能，评测不同大数据平台的性能、吞吐量和系统资源利用率。从普通的排序、字符串统计到机器学习、数据库操作、图像处理和搜索引擎，都能够被 HiBench 涵盖。

HiBench 包括一系列的 Hadoop、Spark 工作负载，同时为 Spark Streaming、Flink、Storm 和 Gearpump 提供工作负载。

## 8.4 大数据平台的监控

云监控服务（Cloud Eye Service，CES）为用户提供一个针对弹性云服务器、带宽等资源的立体化监控平台，可以全面了解华为云上的资源使用情况、业务的运行状况，并及时收到异常报警从而做出反应，保证业务顺畅运行，如图 8-3 所示。

CES 目前可以监控弹性云服务器（ECS）、裸金属服务器（BMS）、弹性伸缩（Auto Scaling，AS）、云硬盘（EVS）、虚拟私有云（VPC）、关系数据库、分布式缓存服务、分布式消息服务、弹性负载均衡（Elastic Load Balance，ELB）、Web 应用防火墙、云桌面等云服务的相关指标。

图 8-3 云监控服务

### 8.4.1 云监控服务架构

云监控服务架构如图 8-4 所示。云监控服务接收来自不同云服务上报的所有监控指标数据，如 ECS、EVS、VPC、ELB 等。云监控服务负责汇总、聚合计算、存储指标数据，当监控指标触发用户设置的规则时告警。各云服务（ECS、EVS、VPS 等）以及自定义监控指标上报到云监控服务。云监控服务对上报上来的监控指标分析汇总成监控数据，展示在云监控控制台上，用户可对这些监控指标创建告警规则。当监控指标触发设置的，告警规则时告警并通过消息通知服务（Simple Message Notification，SMN）通知用户及时处理。

云监控服务与 AS 配合，告警可触发 AS 实例及伸缩带宽。

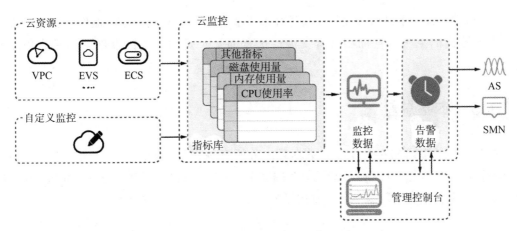

图8-4　云监控服务架构

### 8.4.2　云监控的应用场景

（1）日常管理。云监控提供了完备的监控项目，包括 CPU、磁盘 I/O、内存等，全方位为业务保驾护航。云监控在社交平台、视频直播平台、电商网站、服务众包平台等都有应用。

（2）问题通知。当告警规则的状态（告警、恢复正常）变化时，系统会及时通过邮件或短信方式通知用户，以便用户及时查询问题，还可以通过 HTTP/HTTPS 形式发送消息至服务器地址，供用户使用。

（3）容量调整。与 AS 结合，针对 ECS 相关监控指标（如 CPU 使用率、内存使用率）设置告警规则后，当指标达到设置的阈值时，可自动扩容，防止业务受到影响。

CES 致力于处理各种异常场景，保障云服务的可用性和性能。以下是 CES 在处理不同场景下的功能和优势。

（1）告警通知。CES 根据创建的告警规则，监控数据达到告警策略时会发送及时的告警信息，确保迅速获知异常情况，便于迅速查询异常原因并采取必要的措施。

（2）扩容场景。创建告警规则监控 CPU 使用率、内存使用率、磁盘使用率等监控项，可帮助实时了解云服务状况。在业务量增加时，将立即收到告警通知，可以选择手动扩容或与弹性伸缩服务配合，实现自动伸缩，确保资源充足，业务不受影响。

（3）站点监控。CES 提供 HTTP（HTTPS）、TCP、UDP、PING 等 4 种探测协议，可全面监控站点的可用性、响应时间、丢包率等。这有助于及时了解站点的状态，发现异常并迅速处理，确保站点持续可用。

（4）自定义监控。如果云监控服务未提供所需的监控项，可以创建自定义监控项，并采集监控数据上传到 CES。云监控服务将为自定义监控项提供监控图表和告警功能，确保对特定指标有全面的监控和管理。

（5）日志监控。日志监控实现了对日志内容的实时监控，结合云监控服务和云日志服务，可以针对日志内容进行监控统计和设置告警规则，降低监控日志的运维成本，简化监控日志的操作流程。

（6）事件监控。事件监控允许收集各种重要业务事件或对云资源的操作事件，并提供事件类型数据的上报、查询和告警功能。这有助于及时响应关键事件，确保业务流畅运行。

# 8.5 本章总结

本章介绍了鲲鹏 BigData Pro 大数据日志分析案例相关内容，学习了大数据日志分析综合项目的实施流程、TPC-DS 测试集基础知识、YCSB 测试工具基础知识、HiBench 测试套件基础知识，以及大数据平台的监控服务。

## 习　题

**一、选择题**

1. (多选)数据开发流程包括以下哪些步骤。(　　　)

A. 数据采集　　　　　　　　　　B. 数据清洗

C. 数据分析　　　　　　　　　　D. 数据入库

E. 数据可视化

2. CES 的功能是(　　　)。

A. 云监控　　　　B. 云存储　　　　C. 弹性公网　　　　D. 云视频

3. 以下哪个大数据组件可以进行数据采集？(　　　)

A. Flume　　　　B. Yarn　　　　C. Kafka　　　　D. HDFS

4. 以下哪个大数据组件可以进行数据清洗？(　　　)

A. Spark　　　　B. HDFS　　　　C. MapReduce　　　　D. Flink

5. 以下哪个大数据组件可以进行数据分析？(　　　)

A. Hive　　　　B. Spark SQL　　　　C. HDFS　　　　D. HBase

**二、简答题**

1. 简述 YCSB 的主要特性。

2. 简述项目与日常运作的区别。

3. 简述数据清洗的工作职责。

4. 什么是 CES？

5. 简述数据分析的工作职责。

# 第9章 鲲鹏社区

为了加速国产化的浪潮，华为公司建立了鲲鹏社区，它可以让人们更加方便地了解鲲鹏，使用鲲鹏。本章节的核心内容包括鲲鹏社区整体介绍、应用开发、鲲鹏产品及解决方案，以及鲲鹏生态。

## 9.1 引 言

鲲鹏计算产业是基于鲲鹏处理器构建的全栈 IT 基础设施、行业应用及服务，包括 PC、服务器、存储、操作系统、中间件、虚拟化、数据库、云服务、行业应用与咨询管理服务等。

鲲鹏计算产业的目标是建立完善的开发者和产业人才体系，通过产业联盟、开源社区、OpenLab、行业标准组织一起完善产业链，打通行业全栈，使鲲鹏生态成为开发者和用户的首选。

鲲鹏原指华为下属的海思深圳市海思半导体有限公司在 2019 年 1 月初发布的一款兼容 ARM 指令集的服务器芯片——鲲鹏 920，其性能强悍，配备了 64 个物理核心，单核实力从 CPU 算力 benchmark 的角度对比，大约持平于同期 x86 的主流服务器芯片，整体多核多线程算力较同期的 x86 芯片更强大。

鲲鹏不再局限于鲲鹏系列服务器芯片，更包含兼容的服务器软件，以及建立在新计算架构上的完整软硬件生态和云计算生态。这个生态中包含以下部分。

### 1. 芯片

鲲鹏芯片兼容了 ARMv8 指令集，对于已有的大部分已经支持 ARM64 的操作系统和软件而言，鲲鹏仍然是一个架构为 ARM64 或 AArch64 的芯片。指令集的兼容是表现，但是鲲鹏系列芯片的内里是有革命性改变的。面对计算子系统的单核算力问题，自主开发处理器内核，针对每个核进行了优化设计，采用多发射、乱序执行、优化分支预测，采用 3 级 Cache，自研 Mesh 互联 Fabric，典型主频 2.6 GHz；整形计算能力，业界标准 benchmark SPECint_rate_base2006@ GCC 7.3.0-O2 评分超过 930。

面对服务器领域的挑战，鲲鹏芯片集成了 64 个自研核，将 DRAM 的通道数从主流的 6 通道提升至 8 通道，动态随机存取内存(Dynamic Random Access Memory，DRAM)的典型主频从 2 666 MHz 提升至 2 933 MHz，总带宽达 187 GB/s；集成了 PCIe 4.0、CCIX 等高速接口；集成了两个 100 GB RoCE 端口。

**2. 服务器**

鲲鹏服务器目前有 TaiShan 2280、TaiShan 5280、TaiShan X6000 等型号。当然，像个人开发者，直接使用一台泰山（TaiShan）服务器用于代码编译也确实奢侈了一些，此时华为云提供的使用鲲鹏芯片的 ECS 将会是一个好的选择。

**3. 操作系统**

理论上所有可以支持 ARMv8 指令集的操作系统都可以兼容鲲鹏芯片。截至 2019 年 7 月，经过华为云实际测试并且上线供鲲鹏生态使用的操作系统主要有华为自研的 EulerOS 2.8、Ubuntu18.04、CentOS7.5。当然，EulerOS 2.8 作为华为多年研发投入的产品，自然针对鲲鹏芯片做了相当多的底层优化，可以更有效地发挥鲲鹏 920 的性能。

**4. 软件**

现在的软件行业已经不再处于"靠自己造轮子"的时代，一款完整的软件通常由自编码软件、开源软件、商用软件等 3 个部分组成。因此，一个完整软件要完整运行起来，是需要分别考察这 3 个部分和鲲鹏的兼容性的。

（1）自编码软件。

所有者采用一种或多种编程语言，通过编译或解释就可以使其自编码软件运行。针对这类软件，目前鲲鹏已经支持的语言包含：编译型，即 C/C++、Go 语言；解释器，即 Java、Perl、Python2/3、Shell、Node.js。

（2）开源软件。

开源软件由开源社区运营，社区所有贡献者共同提交代码就可以完成软件实现。这类软件大多是由源码加前面的编译器、解释器一并完成业务功能。理论上，如果开源社区的源码属于上述若干种语言，那么通过社区分发的源码包，经过一定量的编译、安装、解释运行等过程就可以在鲲鹏社区上运行起来。实际上，现在有相当多的社区已经能直接提供 AArch64/ARM64 架构对应的发布版本包，可以直接从这些社区获取官方发布包，按照标准的指导就可以运行起来。

（3）商用软件。

许多企业或用户其实并没有能力自研或集成软件，可以选择采购软件公司的商用软件。这部分商用软件不开放源码，通常与行业或解决方案深度嵌合，如医疗管理信息系统、金融财务软件、企业资源计划、商用数据库等。这些软件必须通过软件公司提供兼容 ARMv8 指令集的二进制软件包才能运行在鲲鹏社区中。华为云正在大力与重要行业中的独立软件开发商（Independent Software Vendors，ISV）进行深度合作，未来可以运行在鲲鹏社区上的商业软件将会越来越多。

## 9.2 鲲鹏社区整体介绍

### 9.2.1 鲲鹏社区简介

鲲鹏社区是鲲鹏开发者技术支持和生态使能的一站式资源、服务平台，可提供完善的鲲鹏领域软件资源、专业技能、技术支持、生态政策和产品方案等内容，与社区参与者共建基于鲲鹏计算产业的综合性社区。华为鲲鹏社区如图9-1所示。

**全栈资源**

**知识经验**

**人才圈子**

**凌云计划**

Kunpeng.huaweicloud.com
华为鲲鹏社区

图9-1　华为鲲鹏社区

**1. 鲲鹏社区权益**

(1)海量软件，简单快速完成开发移植。社区提供丰富的软件栈，包括全栈的软件仓库、专业的移植指导、完善的工具链，帮助合作伙伴、开发者简单快速地完成鲲鹏平台上的开发和移植。

(2)多维知识回馈，及时掌握鲲鹏最新技能。社区不仅提供丰富的理论课程和实践指导，还有专业的技能认证、名家汇聚的精品博客、开放互助的知识论坛，使能合作伙伴、开发者提高技术能力。

(3)参与生态共建，共享产业发展机遇。社区不仅有多样的线上、线下活动，更有激励丰厚的合作计划、综合性应用市场等商业合作平台，支撑合作伙伴、开发者与华为公司共建鲲鹏产业生态，共享生态发展机遇。

**2. 共建鲲鹏计算产业生态，共赢计算新时代**

图9-2所示为鲲鹏社区开发者。面向多样性计算时代，华为将携手产业合作伙伴一起构建鲲鹏计算产业生态，共同为各行各业提供基于鲲鹏处理器的领先IT基础设施及行业应用。华为将聚焦于鲲鹏和昇腾处理器、鲲鹏云服务和AI云服务等领域的技术创新，开放能力，使能伙伴，共同做大计算产业。

在各个关键行业，如政府、金融、运营商、电力和交通等，华为将创建完整的产业生态链，并提供具有竞争力的解决方案，以满足多样化的需求。

此外，华为将通过绿色计算产业联盟和边缘计算产业联盟等方式，推动基础软硬件的标准化，促进产业的健康发展。

最重要的是，华为将致力于发展开发者社区，将鲲鹏开发者社区打造成计算产业的主流社区，力争在未来5年内吸引并培养100万开发者，使其成为产业发展的重要推动力量。

华为构建在线鲲鹏社区，提供加速库、编译器、工具链、开源操作系统等，帮助合作伙伴和开发者快速掌握操作系统、编译器以及应用的迁移调优等能力，共建、共享、共赢

计算新时代。

图 9-2　鲲鹏社区开发者

### 9.2.2　鲲鹏社区重点构建 9 个类别 26 个板块

鲲鹏社区致力于为广大用户和开发者提供丰富的资源和支持，以帮助他们更好地了解和利用鲲鹏系列化产品和云服务。社区重点构建了以下 9 个类别和 26 个板块，以满足不同需求和兴趣的用户，如图 9-3 所示，下面介绍其中一些代表。

（1）通用解决方案和行业解决方案板块。这些板块提供了关于基于鲲鹏云的通用解决方案和各行业解决方案的详细信息，帮助用户了解如何应用鲲鹏技术来满足特定需求。

（2）鲲鹏算力特点和优势场景板块。该板块介绍了鲲鹏处理器的特点和在不同场景中的优势，帮助用户更好地了解其性能和适用性。

（3）华为鲲鹏合作伙伴计划板块。用户可以获取有关鲲鹏合作伙伴计划的最新信息，包括鲲鹏展翅、鲲鹏凌云、鲲鹏智数等子计划，还可以查看合作伙伴的成功实践案例和认证情况。

（4）开发工具和指导文档板块。该板块提供了开发鲲鹏应用所需的工具和文档资源，包括应用迁移和性能调优的工程方法，以及鲲鹏兼容软件版本的下载链接。用户还可以在此寻求专家帮助解决技术难题。

（5）学习板块。该板块提供了丰富的学习和实践资源，包括线上实验室，用于设计鲲鹏云服务、进行软件迁移和性能调优的实践。用户可以在这里考取鲲鹏微认证，并分享自己的开发经验和见解。

（6）社区互动板块。该板块鼓励用户积极参与社区互动，包括发表博客、参与论坛讨论，分享鲲鹏开发经验，并参加社区上丰富多彩的互动活动。

这些板块共同构成了一个全面的鲲鹏社区生态系统，为用户提供了各种学习、开发、交流和合作的机会，帮助用户更好地理解和利用鲲鹏技术。无论是对于初学者还是有经验的开发者，鲲鹏社区都提供了一个有益的平台，促进知识分享和技术进步。

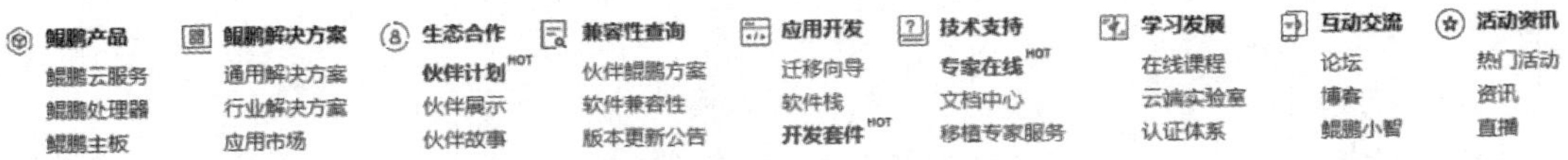

| 鲲鹏产品 | 鲲鹏解决方案 | 生态合作 | 兼容性查询 | 应用开发 | 技术支持 | 学习发展 | 互动交流 | 活动资讯 |
|---|---|---|---|---|---|---|---|---|
| 鲲鹏云服务 | 通用解决方案 | 伙伴计划 HOT | 伙伴鲲鹏方案 | 迁移向导 | 专家在线 HOT | 在线课程 | 论坛 | 热门活动 |
| 鲲鹏处理器 | 行业解决方案 | 伙伴展示 | 软件兼容性 | 软件栈 | 文档中心 | 云端实验室 | 博客 | 资讯 |
| 鲲鹏主板 | 应用市场 | 伙伴故事 | 版本更新公告 | 开发套件 HOT | 移植专家服务 | 认证体系 | 鲲鹏小智 | 直播 |

图 9-3  鲲鹏社区的 9 大类别 26 个板块

# 9.3  应用开发

## 9.3.1  迁移向导

仅需几步，即可助力项目快速加入鲲鹏生态，支撑客户快速完成应用软件的移植、编译、调优活动。

1. 了解与评估

无论是编程新手、经验丰富的开发人员，还是合作伙伴，都可以轻松学习和使用华为云鲲鹏云服务以及 TaiShan 服务器。

(1)获取常用软件移植指南：查看鲲鹏软件栈并获取所需软件的移植指南书，根据指南自行编译软件。如果在鲲鹏软件栈中未找到所需软件的移植指南书，可以自行编译，并分享结果到鲲鹏论坛，或者向社区提出相应软件移植需求。

(2)语言支持：鲲鹏兼容多种编程语言，包括 C/C++、Go、Java、Python、Ruby、Erlang、Lua、Perl、Kotlin 等。如果使用其他编程语言，可向鲲鹏社区提出需求和建议。

2. 开发与测试

(1)搭建开发环境：用户可以选择搭建模拟器环境、交叉编译环境或购买鲲鹏相关云服务和 TaiShan 服务器用于软件开发。

(2)编译与运行：编写软件源码，进行编译、软件包制作和测试。

(3)帮助与分享：参加鲲鹏论坛，向广大开发者咨询编程技巧，分享问题和优秀实践。社区是互助的平台，用户可以得到丰富的支持与帮助。

3. 发布与部署

完成开发与测试后，可以采取以下步骤发布和部署应用。

(1)镜像制作：将应用预装在鲲鹏操作系统或容器中，并制作成可快速分发的虚拟机或容器镜像。

(2)加入鲲鹏应用市场：将应用发布至华为云鲲鹏应用市场，为鲲鹏用户提供服务。这样有利于提供一个广泛的受众，以推广应用。

(3)获取帮助：如果需要更多支持和帮助，随时加入鲲鹏论坛，社区会提供您所需的支持和资源。

## 9.3.2  鲲鹏软件栈

鲲鹏软件栈是为开发者打造的一站式软件源获取平台，集华为自研、行业开源、开发者作品于一体，助力业务快速运行至鲲鹏平台。

丰富的软件资源、应用迁移实践及云上部署指导助力伙伴和客户快速使用鲲鹏计算

平台。

1. 分类推荐

鲲鹏软件栈如图 9-4 所示，它已根据功能进行了分类，包括但不限于 Web、中间件、数据库、大数据、应用程序、管理监控、编译工具、开发工具和操作系统等。每个子类都按照行业中广泛使用的热门应用进行了排序和推荐，以满足各种不同用例的需求。

这一分类和排序的方法有助于用户更轻松地找到他们所需的软件和工具，提高了系统的可用性和易用性。这个软件栈不仅提供了广泛的功能选择，还反映了鲲鹏平台的多样性和灵活性，使其成为满足各种行业和应用场景要求的理想选择。

| 🌐 Web | ⚙ 中间件 | 🔶 数据库 | 🔷 大数据 |
|---|---|---|---|
| Nginx - 高性能Web服务器<br>Apache - 高效的Http服务器<br>Tomcat - Java应用服务器<br>HAProxy - Web负载均衡器<br>Node.js - JavaScript服务器端运行环境<br>JBOSS - 应用服务器<br>Keepalive - 服务器状态监测<br>Jetty - 轻量级的Web服务器和Servlet引擎 | Memcached - 分布式内存缓存服务器<br>Redis - 高性能的K-V数据库<br>Kafka - 分布式消息订阅系统<br>RabbitMQ - AMQP消息队列服务器<br>Zookeeper - 分布式应用程序协调服务<br>ActiveMQ - 消息队列服务器<br>Mycat-数据库分库分表中间件 | MySQL - 关系型数据库服务器<br>Mariadb - MySQL分支<br>PostgreSQL - 数据库服务器<br>Cassandra - 分布式K-V数据库<br>MongoDB -分布式存储数据库<br>SQLite - 轻量级关系型数据库<br>LevelDB - 基于C++的存储数据库 | Hadoop - 分布式系统基础架构<br>Hive - 基于Hadoop的数据仓局平台<br>HBase - 分布式数据库<br>Spark - 大规模数据计算引擎<br>…… |

| 📱 应用程序 | 📋 管理监控 | 🖥 编译工具 | ⟨/⟩ 开发工具 | ☁ 操作系统 |
|---|---|---|---|---|
| ElasticSearch - 分布式搜索引擎<br>YARN - JavaScript包管理器<br>Tesseract - OCR引擎<br>FastDFS - 轻量级分布式文件系统<br>Docker - 开源的应用容器引擎<br>Kibana - 日志分析平台<br>Robot Framework - 自动化测试框架<br>…… | Graylog - 日志聚合分析<br>Ansible - 自动化运维工具<br>Gradle - 自动化构建开源工具<br>Kubernetes - 容器管理平台<br>Zabbix - Web监控工具<br>Jenkins - 持续集成工具<br>Logstash - 日志管理工具<br>Maven - 软件项目管理和综合工具 | Ruby - 服务器脚本语言<br>Perl - 编程语言<br>Python - 面向对象编程语言<br>PHP - 动态网页脚本语言<br>Linaro GCC - C/C++编译器<br>Lua - 轻量级小巧的脚本语言<br>TypeScript - JavaScript的超集 | OpenJDK - 开源的Java开发平台<br>GDB - Unix下的程序调试工具<br>JMeter - 基于Java的性能测试工具<br>OpenSSL - 安全通行软件库<br>Opus - 高性能音频解码器<br>Libxml2 - XML文档解析函数库<br>Shc - shell脚本加密工具 | CentOS<br>Ubuntu<br>中标麒麟OS<br>深度OS<br>普华OS<br>Asianux<br>银河麒麟OS<br>openEuler |

图 9-4 鲲鹏软件栈

2. 华为鲲鹏开发套件 Kunpeng DevKit

鲲鹏开发套件 Kunpeng DevKit，可以帮助开发者加速软件开发、迁移和算力升级。此开发套件涉及迁移、加速、编译、调优及无源码迁移等工具。

(1)鲲鹏代码迁移工具：一款可以简化客户应用迁移到基于鲲鹏 916/920 的服务器过程的工具。此工具仅适用于开发和测试环境，仅支持 x86 Linux 软件迁移到鲲鹏 Linux 上的扫描、分析与迁移。

(2)软件迁移评估：对待迁移的 x86 软件进行扫描分析，给出可迁移性评估报告，同时提供鲲鹏平台上兼容的依赖文件下载链接。

(3)源码迁移：自动扫描并分析软件代码(包括 C/C++/Fortran/汇编软件)，评估迁移所需替换的依赖文件，并给出修改建议。在识别 x86 汇编指令的同时，常用 x86 汇编指令被翻译成功能对等的鲲鹏汇编指令。修改建议可指导用户快速完成修改，建议中包含的源码甚至可一键替换，直接编译使用。

(4)软件包重构：分析 x86 平台上 Linux 软件包的构成及依赖性，将平台相关的依赖文件替换为鲲鹏平台兼容的版本，并重构成适用于鲲鹏平台的软件包。

(5)专项软件迁移：支持将部分专项软件源码一键自动化迁移修改、编译并构建成鲲鹏平台兼容的软件包，帮助用户快速迁移几类解决方案中常见的专项软件。

(6)增强功能：支持软件代码质量的静态检查功能，如在 64 位环境中运行的兼容性检查、结构体字节对齐检查、缓存行对齐检查和弱内存序检查等增强功能。

（7）鲲鹏性能分析：一个工具集，包含系统性能分析、Java 性能分析、系统诊断等。

系统性能分析是针对基于鲲鹏 916/920 的服务器的性能分析和优化工具，能收集服务器的处理器硬件、操作系统、进程/线程、函数等各层次的性能数据，分析出系统性能指标，定位到系统瓶颈点及热点函数。

系统诊断工具通过分析系统运行指标，识别异常点，如内存泄漏、内存越界、网络丢包等，并给出优化建议；同时支持压测系统，如网络 I/O，评估系统最大性能。

## 9.4　学习发展

### 9.4.1　华为云学院

华为云学院涵盖角色系列课程、基础课程、职业认证、微认证、云端实验室，帮助用户快速提升技能，适应信息与通信技术（Information and Communications Technology，ICT）时代技术发展，如图 9-5 所示。

| 角色系列课程 | 基础课程 | 职业认证 | 微认证 | 云端实验室 |
| --- | --- | --- | --- | --- |
| 基于角色的个性化课程推荐，满足多类型用户学习需求 | 体系化的培训课程，快速完成学习覆盖，让您轻松上云 | 官方专业认证，多角色认证培训体系，助您提升专业技能，成就职场新机遇 | 一站式在线学习、实验与考试，零基础也可学习前沿技术知识，快速获得场景化的技能提升 | 学以致用，云上实操，在真实云环境中体验华为云服务，提升云上技术能力 |

图 9-5　华为云学院

### 9.4.2　鲲鹏在线课程

鲲鹏在线课程是鲲鹏社区为鲲鹏软件开发人员专业设计的，旨在帮助开发人员了解鲲鹏体系的基础知识、软硬件产品、云服务，以及 x86 应用如何迁移上鲲鹏平台。其目前主要提供以下课程。

（1）华为云鲲鹏云服务与解决方案。

（2）云手机服务。

（3）NUMA 架构下的软件性能挑战。

（4）TaiShan 服务器及解决方案介绍。

（5）华为 TaiShan ARM 原生解决方案介绍。

（6）60 min 教你高效完成鲲鹏云服务移植。

（7）华为云鲲鹏云服务移植指南和实践案例。

（8）90% 代码如何实现自动移植到鲲鹏平台。

（9）1 min 了解华为云鲲鹏云服务。

### 9.4.3　鲲鹏云端实验室

鲲鹏云端实验室使用虚拟华为云账号，根据详细的实验手册，逐步指导操作，模拟真实场景，完善虚拟环境配置搭建，可快速体验华为云服务，在云端实现云服务的实践、调测和验证。

随时随地进行鲲鹏计算平台的调试和验证实践，只需一键申请试验资料，提供详尽的实验指导操作步骤，而且这些步骤会持续更新。以下是一些可以在实验室中进行的操作。

（1）使用鲲鹏工具链将 x86 代码迁移到鲲鹏平台。

（2）利用 Porting Advisor 将 x86 rpm 软件包迁移到鲲鹏。

（3）在鲲鹏平台上使用鲲鹏 Maven 仓库进行 Maven 软件构建。

（4）优化鲲鹏 WRF 高性能计算。

（5）提升鲲鹏 MySQL 数据库性能。

（6）基于鲲鹏弹性云服务部署 Web 应用。

（7）优化鲲鹏 Apache Web 方案。

（8）使用鲲鹏弹性云服务部署文字识别工具 Tesseract。

### 9.4.4　鲲鹏认证体系

鲲鹏认证体系是针对不同用户、不同产品类别，精心打造层次化的培训认证，提供职业认证和微认证。职业认证可以帮助用户快速掌握鲲鹏相关理论知识和实践动手能力，如图 9-6 所示。微认证则为用户提供一站式在线学习、实验与考试，助力提升场景化技能，如图 9-7 所示。

图 9-6　职业认证

图 9-7　微认证

## 9.5　鲲鹏产品及解决方案

鲲鹏产品与云服务提供多种安全服务，以多维度的方式来保护的数据和应用。其包括 Web 应用防火墙、漏洞扫描等多种安全服务，旨在提供全面的安全防护。安全评估提供对用户云环境的安全评估，帮助用户快速发现安全弱点和威胁，同时提供安全配置检查，并给出安全实践建议，有效减少或避免由于网络中病毒和恶意攻击带来的损失。鲲鹏产品与云服务如图 9-8 所示。

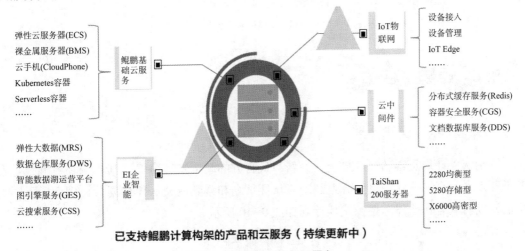

图 9-8　鲲鹏产品与云服务

智能化进程管理提供智能的进程管理服务，基于可定制的白名单机制，自动禁止非法程序的执行，保障弹性云服务器的安全性。漏洞扫描支持通用 Web 漏洞检测、第三方应用漏洞检测、端口检测、指纹识别等多项扫描服务。

1. 鲲鹏产品与云服务的优势

相比于其他同类型的产品和云服务，鲲鹏产品与云服务具有以下优势。

（1）多核算力：多核整形算力领先 15%，整机最高 128 核，整机并发性能提升 30%。

（2）高性价比：计算性能领先 8%，内存带宽领先 46%，综合性价比领先 30%。

（3）端云协同：原生应用场景，端云同构，性能提升 80%，100% 原生指令兼容，算法优化，无须改造。

（4）生态丰富：已兼容 CentOS、Ubuntu、OpenEuler 等 20 多款主流操作系统，100 多个企业核心业务应用，联合广大 ISV，支持应用范围持续扩充。

2. 鲲鹏解决方案

鲲鹏解决方案是多样化的解决方案，匹配客户与合作伙伴应用场景。鲲鹏解决方案如图 9-9 所示。

图 9-9　鲲鹏解决方案

## 9.6　鲲鹏生态

### 9.6.1　鲲鹏伙伴计划

鲲鹏伙伴计划是鲲鹏社区最全、最新、最官方的政策发布窗口，其影响辐射鲲鹏生态万千开发者、合作伙伴。目前有鲲鹏凌云伙伴计划和鲲鹏展翅伙伴计划，分别面向不同类型的开发者和合作伙伴。鲲鹏伙伴计划如图 9-10 所示。

图 9-10　鲲鹏伙伴计划

#### 1. 鲲鹏凌云伙伴计划

鲲鹏凌云伙伴计划是华为云围绕鲲鹏云服务(含公有云、私有云、混合云、桌面云)推出的一项合作伙伴计划。华为云为合作伙伴提供培训、技术、营销、市场的全方位支持，帮助伙伴基于华为云鲲鹏云服务进行开发、应用移植，并开辟云市场鲲鹏专区，助力伙伴商业变现。

加入鲲鹏凌云伙伴计划，可以获得以下权益：免费参加鲲鹏在线培训课程，鲲鹏云服务兼容性认证，鲲鹏云服务专题训练营，华为云专家技术支持，云市场鲲鹏专区帮助伙伴商业变现，营销资源及商业机会优先共享。

#### 2. 鲲鹏展翅伙伴计划

鲲鹏展翅伙伴计划是华为围绕鲲鹏系列产品（含鲲鹏部件、TaiShan 服务器，OpenEuler 等）推出的一项合作伙伴计划，将向合作伙伴提供培训、技术、营销、销售的全面支持，帮助伙伴基于鲲鹏系列产品进行开发、应用移植等，使能伙伴商业成功。

加入鲲鹏展翅伙伴计划，可以获得以下权益：研发技术专家的专项技术支持，TaiShan服务器样机的优惠折扣，鲲鹏技术的专项技术培训，鲲鹏生态创新中心伙伴资源，鲲鹏技术兼容性认证证书，营销资源及商业机会优先共享。

### 9.6.2　鲲鹏云服务产品

基于鲲鹏处理器，华为云引入了鲲鹏云服务和解决方案，为云上多元架构开启了新篇章。华为云的鲲鹏云服务拥有同构、多核、全栈等先进技术能力，适用于各种不同场景。目前，华为云已正式发布了69款基于鲲鹏处理器的云服务，未来还将陆续推出更多令人期待的云服务。这些服务将为用户提供卓越的性能和灵活性，助力用户在云上实现各种创新应用。图9-11所示为部分鲲鹏云服务产品。

图9-11　部分鲲鹏云服务产品

鲲鹏弹性云服务(ECS)是华为云的基础云服务之一，也是用户能够直接体验鲲鹏性能的最重要服务之一。通过鲲鹏ECS，用户可以直接购买鲲鹏云服务器，并根据需要添加磁盘、网络等资源，将其用作开发环境或生产业务集群的一部分。KC1型号预计在HC之前完成商用转型，这标志着华为云鲲鹏云基础设施服务正式进入商用阶段。

KC1型号是业界性能最高的ARM架构云服务器，同时还具备强大的价格竞争力，综合性价比高出同类x86实例30%。相较于业界x86同规格实例，KC1型号多核整型算力领先15%，内存带宽提高46%。

鲲鹏裸金属服务(BMS)允许用户直接在华为云上购买裸金属服务器，获得一台专用的泰山服务器，并可按需添加磁盘、网络等资源。这款服务器支持高达128核的整机性能，相对于x86实例，具备出色的并发性能提升，达到30%。

鲲鹏BMS的8通道DDR4内存运行速度为2 933 MHz，内存带宽提高46%。其网络性能表现也卓越，拥有每秒1 200万个数据包处理能力，超过同类竞品1.5倍。此外，BMS支持100 μs的超低延迟云盘，还原ARM Native应用性能，相比x86模拟器提升10倍以上的原生应用并发数量。

鲲鹏云手机(Cloud Phone)服务允许用户在华为云上购买运行Android操作系统的云主机。由于鲲鹏云手机服务直接运行ARMv8指令集，无须模拟器，因此无性能损失。这使云手机服务成为提供手机应用测试和应用自动运行等功能的理想选择。

鲲鹏云手机服务是公有云业界独家的云手机解决方案，支持单服务器超过200路的并发，相较于x86模拟器，具备超过10倍的并发性能提升。

## 9.7 本章总结

本章简要介绍了鲲鹏社区各个模块所承载的价值与信息，以及用户如何访问和使用社区工具的方式。通过本章的学习，学员可以了解鲲鹏社区作为一个综合型在线门户，能提供完善的软件资源、技术知识、产品方案、生态政策、交易平台等，汇聚全栈的资源和经验，使能鲲鹏开发者、合作伙伴技能成长，轻松完成应用移植和价值变现。

## 习 题

**一、选择题**

1.（多选）以下属于华为云鲲鹏伙伴计划的是(      )。

A. 鲲鹏凌云伙伴计划 　　　　　　　B. 鲲鹏展翅伙伴计划

C. 鲲鹏翱翔伙伴计划 　　　　　　　D. 鲲鹏腾飞伙伴计划

2.（多选）以下属于编译型语言的是(      )。

A. Ruby 　　　　B. C++ 　　　　C. Python 　　　　D. Swift

3. 以下不属于华为云鲲鹏云服务的是(      )。

A. 鲲鹏机器学习服务 　　　　　　　B. 鲲鹏应用运维服务

C. 鲲鹏云硬盘服务 　　　　　　　　D. 鲲鹏容器服务

4. 单个云硬盘最大可扩容(      )。

A. 32 TB 　　　　B. 64 TB 　　　　C. 128 GB 　　　　D. 128 TB

5. 华为鲲鹏 920 芯片是业界第一块多少 nm 的数据中心 ARM CPU？(      )

A. 7 　　　　B. 10 　　　　C. 12 　　　　D. 14

**二、简答题**

1. 什么是鲲鹏？

2. 简述鲲鹏 CPU 与 Intel CPU 的区别。

3. 鲲鹏有哪些解决方案？

4. 鲲鹏社区具有哪些功能？

5. 鲲鹏云端实验室中有哪些实验？

# 参 考 文 献

［1］林子雨，赖永炫，陶继平. Spark 编程基础［M］. 北京：人民邮电出版社，2018.

［2］黑马程序员. 大数据项目实战［M］. 北京：清华大学出版社，2020.

［3］黑马程序员. Hadoop 大数据技术原理与应用［M］. 北京：清华大学出版社，2019.